灌区知识问答

GUANQU ZHISHI WENDA

雷 波 顾 涛 杜丽娟 杨开静 主编

中国水利水电出版社
www.waterpub.com.cn
·北京·

内 容 提 要

本书以问答的形式，介绍了灌区管理人员应知应会的知识要点，主要包括灌区基本知识和建设管理具体业务知识两个方面。以问题为导向，针对灌区建设和管理中常见的问题来设置题目，图文并茂、通俗易懂地进行解答。全书共122个问答，分为10个部分，分别为基本知识、灌区与粮食安全、管理体制与机制、安全管理和工程管理、供用水管理与节水、农业水价综合改革、量测水、数字化建设和智慧化应用、灌溉排水泵站管理与更新改造、生态治理与水文化保护等内容。

本书可作为灌区管理人员培训教材，也可供相关领域管理者和大专院校师生参考。

图书在版编目（CIP）数据
灌区知识问答 / 雷波等主编. -- 北京 : 中国水利水电出版社, 2024. 10. -- ISBN 978-7-5226-2875-2
Ⅰ. S274.3-44
中国国家版本馆CIP数据核字第2024HB5043号

书　名　灌区知识问答
GUANQU ZHISHI WENDA
作　者　雷波　顾涛　杜丽娟　杨开静　主编
出版发行　中国水利水电出版社
(北京市海淀区玉渊潭南路1号D座 100038)
网址：www.waterpub.com.cn
E-mail：sales@mwr.gov.cn
电话：(010) 68545888(营销中心)
经　售　北京科水图书销售有限公司
电话：(010) 68545874、63202643
全国各地新华书店和相关出版物销售网点

排　版　北京金五环出版服务有限公司
印　刷　河北鑫彩博图印刷有限公司
规　格　145mm×210mm　32开本　5印张　129千字
版　次　2024年10月第1版　2024年10月第1次印刷
定　价　48.00元

《灌区知识问答》编委会

洪范八政，食为政首。人类自诞生以来，就把解决吃饭问题放在首位。习近平总书记多次强调，中国人的饭碗任何时候都要牢牢端在自己手中，我们的饭碗应该主要装中国粮；粮食生产根本在耕地，命脉在水利。

党中央、国务院高度重视水利建设，始终把农田水利建设放在经济社会发展的突出位置，作为治国安邦的重要方略。在农业发展的漫长历程中，灌区扮演着至关重要的角色，不仅为保障国家粮食安全奠定了坚实的水利基础，也是山水林田湖草沙系统治理和乡村振兴的重要支撑。

经过多年持续努力，截至 2023 年底，我国已建成耕地灌溉面积 10.75 亿亩，万亩以上大中型灌区达到 7300 多处，另外还有泵站、机井、塘坝等各类小型农田水利工程 2200 多万处，基本形成了较为完善的农田灌排体系，在占全国 56% 的耕地面积上，生产了全国 77% 的粮食和 90% 以上的经济作物。

考虑到灌区覆盖面广，涉及多个专业领域，对灌区管理人员要求比较高，在多方努力下，《灌区知识问答》顺势而生。该书以问答的形式，将复杂的灌区诸多知识点和技能要求逐一拆解、化繁为简、清晰呈现，语言简练、图文并茂、层次分明、契合实际。无论是灌区的构成、分类与知识体系，还是灌溉与粮食安全、生态安全和经济社会发展的密切关系，抑或是灌区与人类文明的发展联系，都在书中得到了翔实且颇接地气的阐释。

我仔细阅读了该书，发现它既具有科普的通俗和易懂，又不失专业的严谨与深度，引领我们穿越灌区知识的丛林，领略其中的奇妙与奥秘，既让初学者能够轻松入门，迅速建立起对灌区的基本认知；又为专业人士提供了一个系统梳理和深入思考的契机。希望该书的出版，能进一步健全灌区管理人员的知识体系，提升日常管理能力，也能促进关心灌区的社会各界人士支持灌区建设和管理。希望读者能在字里行间领略到灌区的独特魅力，为灌区的可持续发展和保障国家粮食安全贡献智慧和力量。

中国工程院院士

2024 年 9 月

民以食为天，食以水为先。我国自古就是治水大国，中华民族几千年的历史，从某种意义上说就是一部治水史，也可以说我国的发展史同时也是一部发展农田水利、克服旱涝灾害的斗争史。从春秋战国时期开始建设的芍陂、都江堰等灌区到新中国成立以后建成的淠史杭、红旗渠、青龙山等灌区，截至 2023 年底，我国大中小各类灌区耕地灌溉面积发展到 10.75 亿亩，生产了全国 77% 的粮食和 90% 以上的经济作物，成为保障我国粮食安全和重要农产品供给的“主力军”和“主阵地”。

从各地管理实践来看，灌区实行专业管理与群众管理相结合的管理体制，干支渠等骨干工程一般由专业管理机构管理，负责日常运行管理和维修养护；斗渠及以下田间工程由农民用水合作组织管理，管理水平相对薄弱。为提高灌区管理人员的业务技能水平，水利部农村水利水电司组织编制了《灌区知识问答》。

本书以问答的形式，介绍了灌区管理人员应知应会的知识要点，以问题为导向，以需求为牵引，针对灌区建设和管理中常见的问题和高质量发展需求来设置题目，进行图文并茂、通俗易懂的解答。全书共 122

前言

个问答，分为 10 个部分，分别为基本知识、灌区与粮食安全、管理体制与机制、安全管理和工程管理、供用水管理与节水、农业水价综合改革、量测水、数字化建设和智慧化应用、灌溉排水泵站管理与更新改造、生态治理与水文化保护等内容。

本书主要由中国水利水电科学研究院和中国灌溉排水发展中心等单位编写完成，在编写过程中还得到水利部发展研究中心、中国农业大学、中国农业科学院、武汉大学、河海大学、水利部南京水利水文自动化研究所、各省级水行政主管部门和相关灌区管理单位的大力支持，特别邀请中国工程院院士、2023 年度科普人物王浩先生作序，邀请国际灌排委员会荣誉主席高占义等专家审核，在此一并表示感谢。

由于灌区规模、水源类型和取水方式等差异较大，加上作者水平和时间有限，书中难免存在不足和疏漏之处，敬请读者不吝批评指正。

作者

2024 年 9 月

目录

十、生态治理与水文化保护 …………………………… 131

四川都江堰灌区渠首

一、基本知识

本章介绍了灌区的概念、类型、功能、灌排工程体系的构成及分类等基本知识，解释了灌区灌溉设计保证率、灌溉制度、灌溉定额等常用名词术语。

1. 什么是灌区？

（1）有一定保证率的水源。

（2）有统一的管理主体。

（3）由具有水力联系的灌溉排水工程系统控制的农业生产区域。

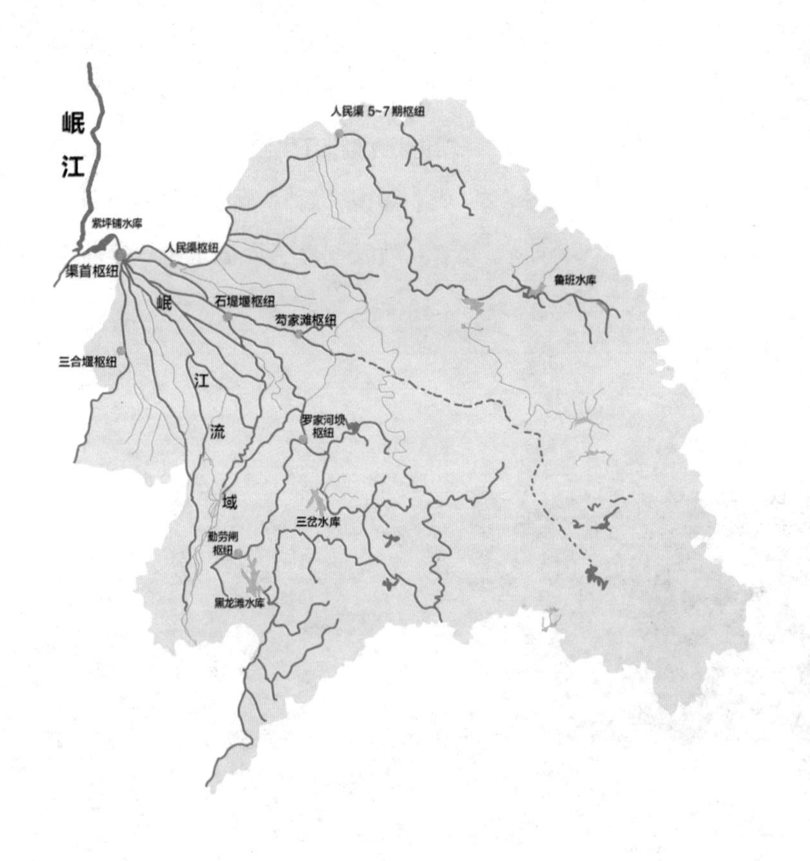

四川都江堰灌区示意图

2. 灌区的主要功能是什么?

（1）保障粮食生产：通过完备的灌排工程体系实现农作物“旱能灌、涝能排”，提升灌域内粮食和重要农产品生产能力。

（2）保证供水：重点为耕地、园地、林地等提供灌溉用水，也可为灌域内工业、生活、生态等提供用水。

（3）改善生态：提升灌域水系丰枯调剂能力，改善和调节农田生态环境，改善乡村生态和人居环境。

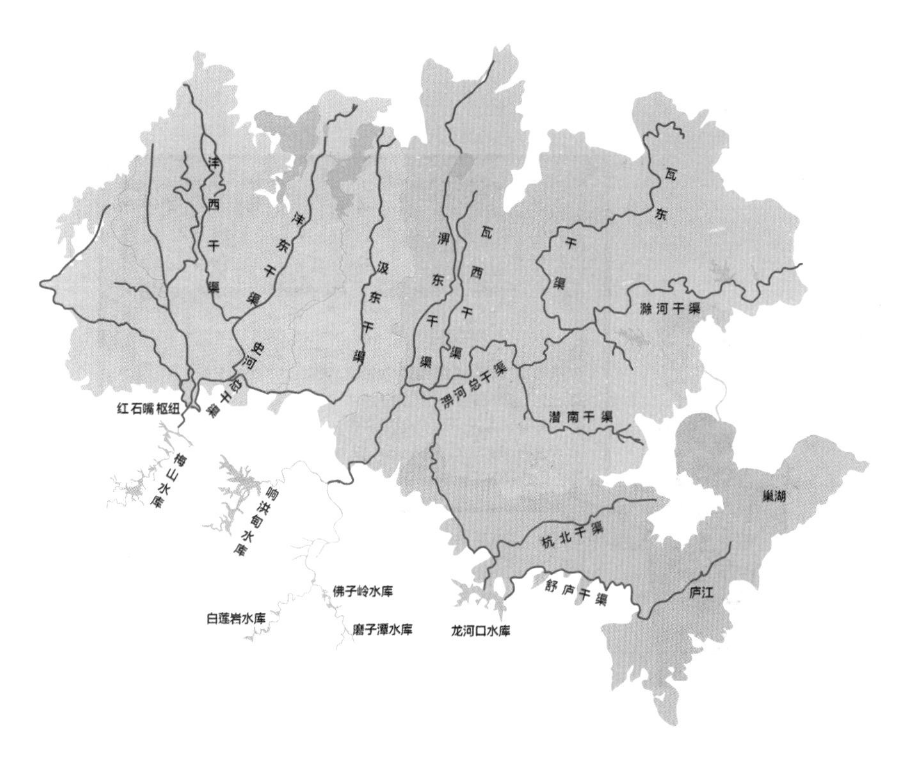

安徽淠史杭灌区示意图

3. 灌区的类型以及划分标准是什么？

（1）按面积分 3 类：大型灌区（设计灌溉面积 30 万亩及以上）、中型灌区（设计灌溉面积 1 万亩及以上、30 万亩以下，其中 5 万亩及以上为重点中型灌区）、小型灌区（设计灌溉面积 1 万亩以下）。

（2）按灌溉水源分 3 类：地表水灌区、井灌区、井渠结合灌区。

（3）按灌溉取水方式分 2 类：自流灌区、提水灌区。

4. 灌区的灌溉排水渠（沟）系分类有哪几种?

（1）灌区的渠（沟）道一般分为干、支、斗、农、毛五级。

（2）灌区一般灌溉面积越大地形越复杂，渠（沟）道分级越多，如内蒙古河套灌区有总干、干、分干、支、斗、农、毛七级渠（沟）道。

内蒙古河套灌区示意图

5. 灌区的灌排工程体系由哪些组成?

（1）水源工程：包括水库、塘坝、提水泵站、机井、河湖引调水工程等。

（2）输配水工程：包括输水渠（管）道、泵站以及闸、涵、渡槽、隧洞等建筑物。

（3）排水工程：包括各级排水沟道及其附属建筑物。

（4）田间灌排工程：包括田间毛渠（沟）、喷灌系统、微灌系统、地面灌溉系统、排水暗管等。

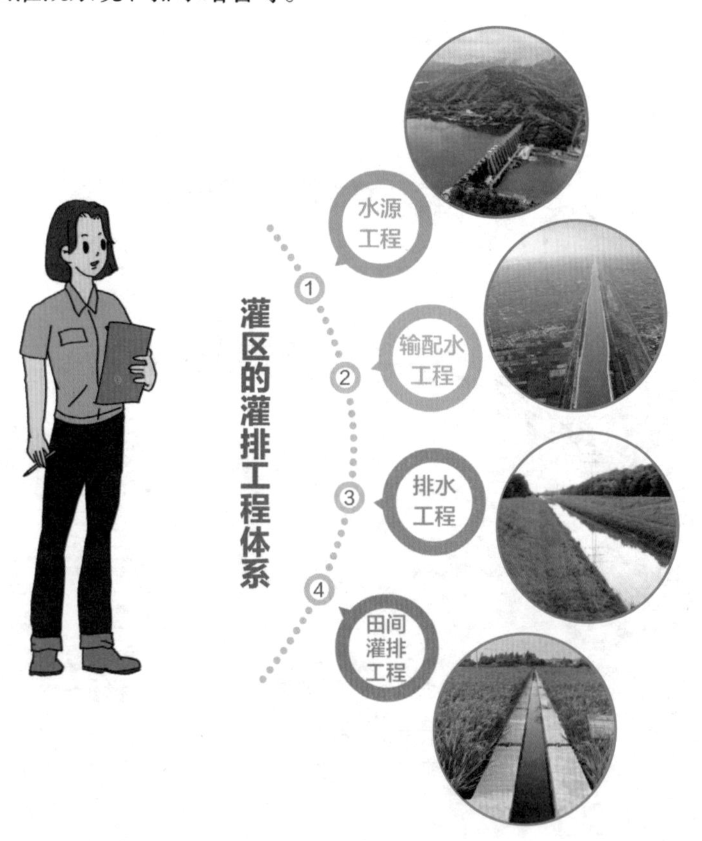

6. 如何区分灌区骨干工程和田间工程？

（1）骨干工程：一般指干、支渠（沟）及其配套建筑物；规模较大的灌区，灌区管理单位负责运行管理的流量较大的固定斗渠，也属于骨干工程。

（2）田间工程：一般指斗渠（沟）及以下各级渠（沟）及其配套建筑物。

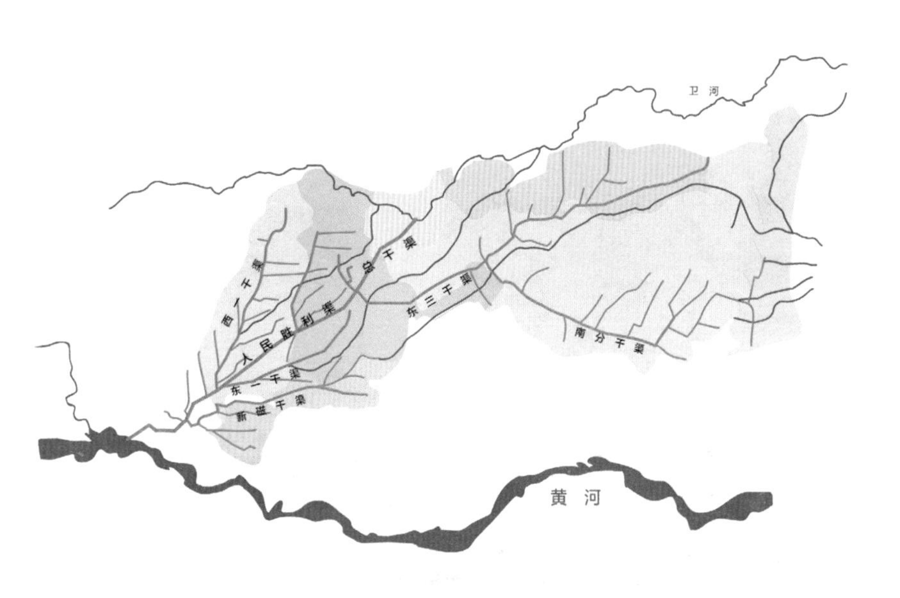

河南人民胜利渠灌区示意图

7. 什么是灌区渠首？渠首建筑物包括哪些？

渠首指从河流、湖泊、水库等水源取水灌溉时，在水源引水段及灌区进水首部修建的工程设施，包括蓄水、引水、提水三类。

（1）蓄水灌溉渠首工程：主要包括大坝、渠首引水闸或坝下埋管、坝内孔道、水工隧洞等。

（2）引水灌溉渠首工程：主要包括进水闸、导流坝、壅水坝、拦河闸、冲沙闸、防沙设施及上下游整治工程等。

（3）提水灌溉渠首工程：主要包括提水泵站、前池等。

新疆叶尔羌河灌区渠首

8. 渠系建筑物包括哪些？功能分别是什么？

（1）配水建筑物：包括节制闸、分水闸、进水闸等，具有调节水位和分配流量的功能。

（2）交叉建筑物：包括渡槽、倒虹吸、涵洞、隧洞、桥梁等，具有输送渠道水流穿过山梁以及跨越或穿越溪谷、河流、道路等功能。

（3）衔接建筑物：包括跌水、陡坡、竖井等，具有在渠道坡度陡峻地段连接上下游段，或在泄水建筑物中连接渠道与河、沟、库、塘等功能。

（4）泄水及退水建筑物：包括溢流堰、泄水闸、退水闸、排洪闸、虹吸泄水道等，具有排泄渠道或水库多余水的功能。

（5）冲沙和沉沙建筑物：包括沉沙池、冲沙闸等，具有防止和减少渠道淤积的功能。

（6）量水设施：包括各种量水堰槽、量水设施设备等，具有测量渠道输配水量的功能。

河南红旗渠灌区分水闸

9. 什么是灌溉设计保证率？

（1）灌溉设计保证率指灌区用水量在多年运行中能够得到充分满足的概率，一般以正常供水的年数占总年数的百分比表示。比如灌溉设计保证率为 75%，表示工程长期运行中，平均 100 年中有 75 年的灌区用水量能够得到充分满足。

（2）灌溉设计保证率是灌区规划设计的重要指标，也是决定灌溉工程规模的依据。灌溉工程设计中，根据灌溉设计保证率的要求，分析来水、用水情况，选定灌溉设计典型年，计算渠道设计流量等工程参数。

（a）改造前

（b）改造后

湖南欧阳海灌区右总干渠改造前后

10. 什么是设计灌溉面积、有效灌溉面积和实际灌溉面积?

（1）设计灌溉面积：灌区在规划设计阶段，根据当地水土资源条件论证确定的一定灌溉设计保证率下的灌溉面积。设计灌溉面积是水土资源平衡下规划/设计的灌排工程体系的控制范围，是灌区规划/设计灌溉发展规模的重要指标。

（2）有效灌溉面积：灌区现有工程设施可实际控制的灌溉面积，是由灌区工程建设配套完好状况和灌溉耕地状况确定的，反映灌区当前最大的灌溉工程控制范围。

（3）实际灌溉面积：当年实际灌水一次以上的灌溉面积。取决于有效灌溉面积、当年水资源状况、作物种植情况、灌排工程运行管理情况等因素。

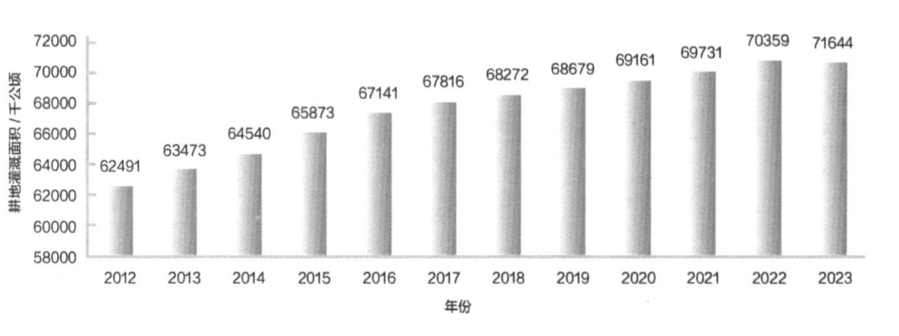

2012 年以来我国耕地灌溉面积

11. 什么是灌溉制度？

（1）作物播种前及全生育期内的灌水次数、每次的灌水日期和灌水量等。

（2）灌溉制度应按农业灌溉分区，选择有代表性的作物分别制定。

（3）灌区规划设计中，根据灌溉制度确定灌区需水量，灌区管理中根据灌溉制度制定灌溉用水计划。

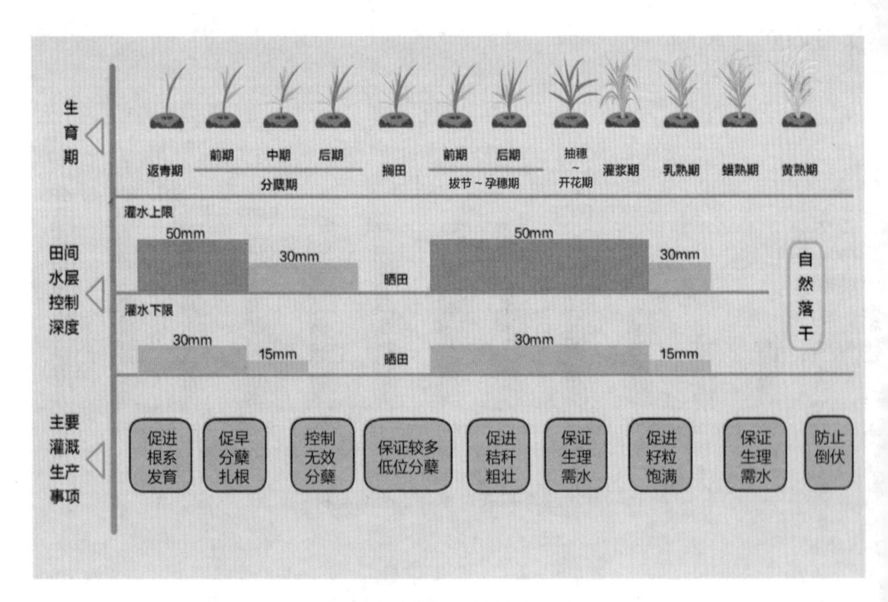

江苏水稻浅湿灌溉制度示例

12. 什么是灌水定额、灌溉定额、灌溉用水定额?

（1）灌水定额：单位灌溉面积上的一次灌水量，常以 m^3/ 亩或 mm 表示。

（2）灌溉定额：作物播种期及全生育期内各次灌水定额之和。

（3）灌溉用水定额：在规定位置和规定水文年型下的某种作物在一个生育期内单位面积的灌溉用水量，是水资源配置和灌溉用水管理的主要控制指标。一方面，灌溉用水定额主要针对灌溉用水管理者，所选的规定位置通常要求便于灌溉用水计量和实施管理；另一方面，灌溉用水定额不仅需要考虑满足作物需水要求，且必须考虑实际水文年型下灌溉用水供需平衡。

作物名称	分区	50% 水平年					75% 水平年				
		通用值	先进值				通用值	先进值			
			渠道防渗灌溉	管道输水灌溉	喷灌	微灌		渠道防渗灌溉	管道输水灌溉	喷灌	微灌
水稻	Ⅲ燕山山区						417	371	325		
	Ⅵ燕山丘陵平原区						596	530	464		
小麦	Ⅲ燕山山区	180		167	167	157	220		204	204	192
	Ⅳ太行山山区	160		148	148	140	210		195	195	183
	Ⅴ太行山山前平原区	140		130	130	122	200		186	186	175
	Ⅵ燕山丘陵平原区	160		148	148	140	220		204	204	192
	Ⅶ黑龙港低平原区	165		153	153	144	200		186	186	175
玉米	Ⅰ坝上内陆河区	90		83	83	79	112		104	104	98
	Ⅱ冀西北山间盆地区	90		83	83	79	135		125	125	118
	Ⅲ燕山山区	90		83	83	79	140		130	130	122
	Ⅳ太行山山区	50		46	46	44	100		93	93	87
	Ⅴ太行山山前平原区	45		42	42	39	100		93	93	87
	Ⅵ燕山丘陵平原区	45		42	42	39	90		83	83	79
	Ⅶ黑龙港低平原区	50		46	46	44	100		93	93	87

河北典型作物灌溉用水定额（单位：m^3/ 亩）

13. 什么是渠道水利用系数、渠系水利用系数、农田灌溉水有效利用系数？

（1）渠道水利用系数：灌溉渠道净流量与毛流量的比值。

（2）渠系水利用系数：灌溉渠系的净流量（灌入田间的水量）与毛流量（灌区从水源引入的水量）的比值，通常为各级渠道水利用系数的乘积。一般灌区规模越大，渠道级数越多，渠系水利用系数越低。

（3）农田灌溉水有效利用系数：实际灌入农田的有效水量与渠首引入水量的比值，通常为渠系水利用系数与田间水利用系数的乘积。

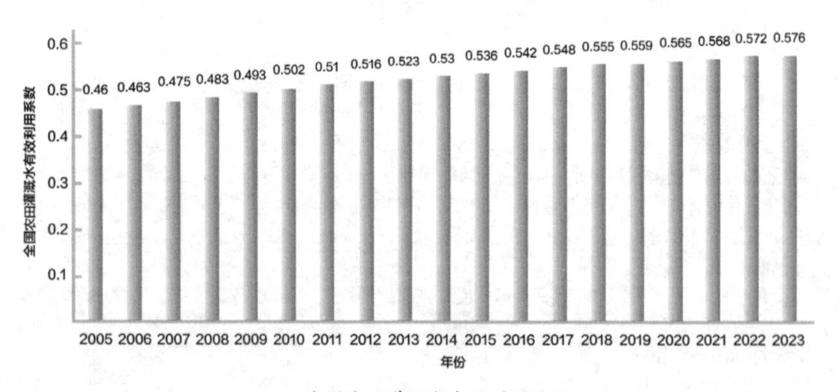

全国农田灌溉水有效利用系数

14. 什么是现代化灌区？

（1）设施完善。灌区工程布局合理、设施配套完善、工程安全耐久、技术先进适用；水源稳定可靠、渠系配水便捷、沟系排水通畅、运行调度高效。骨干工程和高标准农田协同推进，建成从水源到田间完整配套的灌排工程体系，工程完好率达到90%以上。灌排能力达到灌溉设计保证率以上。基本实现农田灌溉自动化。

（2）节水高效。灌区供用水实行总量控制和定额管理，供用水交接断面实现有效计量，骨干工程计量率达到90%以上，基本实现用水计量精准化。全面推进节水灌溉工程建设，因地制宜推广管灌、喷灌、微灌等高效节水灌溉技术，基本实现灌溉方式高效化。

（3）管理科学。灌区管理制度健全、队伍精干、手段先进、运行高效，供用水水价合理、调控精准、管理规范。深化农业水价综合改革，“两费”落实率高，人员配备合理。灌区工程实现专业化、标准化管理。信息化基础设施完备，建成高效实用的业务应用平台和数字孪生管理平台，基本实现灌区管理智能化。

（4）生态良好。灌区范围内经济、社会、人口和自然协调发展。灌区资源配置科学、水土匹配合理、灌排功能健全、灌域内水系连通、灌排水质达标、物种丰富多样、景观和谐自然。灌区工程与周边环境相协调，基本实现渠洁岸绿、减排减污、环境美好、人水和谐。

山东潘庄灌区

安徽淠史杭灌区横排头渠首枢纽工程

二、灌区与粮食安全

本章重点围绕灌区涉及的主要地类、永久基本农田、主要作物和灌区对保障粮食安全以及其他方面的功能作用等，介绍灌区与粮食安全相关的知识。

15. 什么是耕地、园地、林地、草地？

（1）耕地：种植农作物的土地，包括熟地，新开发、复垦、整理地，休闲地（含轮歇地、轮作地）；以种植农作物（含蔬菜）为主，间有零星果树、桑树或其他树木的土地；平均每年能保证收获一季的已垦滩地和海涂。

（2）园地：种植以采集果、叶、根、茎、汁等为主的集约经营的多年生木本和草本作物，覆盖度大于 50% 或每亩株数大于合理株数 70% 的土地，包括用于育苗的土地。

（3）林地：生长乔木、竹类、灌木的土地，以及沿海生长红树林的土地，包括迹地，不包括城镇、村庄范围内的绿化林木用地，铁路、公路征地范围内的林木用地，以及河流、沟渠的护堤林用地。

（4）草地：以生长草本植物为主的土地，包括天然牧草地、沼泽草地、人工牧草地和其他草地。

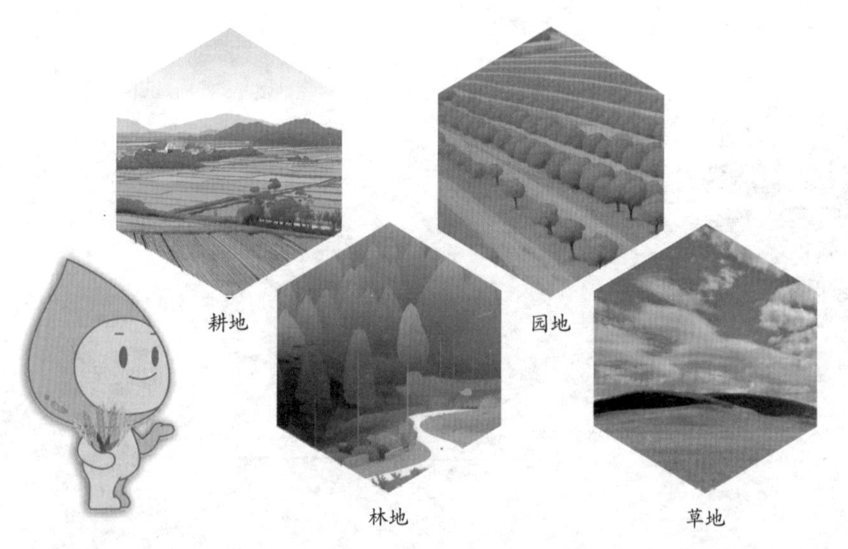

16. 什么是水田、水浇地、旱地？

耕地包括水田、水浇地、旱地。

（1）水田：用于种植水稻、莲藕等水生农作物的耕地，包括实行水生、旱生农作物轮种的耕地。

（2）水浇地：有水源保证和灌溉设施，在一般年景能正常灌溉、种植旱生农作物（含蔬菜）的耕地，包括种植蔬菜的非工厂化的大棚用地。

（3）旱地：无灌溉设施，主要靠天然降水种植旱生农作物的耕地，包括没有灌溉设施，仅靠引洪淤灌的耕地。

17. 什么是旱作农田？旱作农田集雨补灌的作用是什么？

（1）旱作农田是指主要依靠和充分利用自然降水从事农业生产的农田。

（2）旱作农田一般采取坐水种、土壤深松、田间覆盖和水窖集雨等工程措施，实现秋雨春用、丰雨旱用、应急补灌和土壤蓄水能力提升。

（3）旱作农田集雨补灌能降低干旱影响，补充作物关键生育期用水，起到抗旱救命水的作用，提高旱作农作物的成活率和产量。

旱作农田

18. 什么是基本农田?

基本农田是指按照一定时期人口和经济社会发展对农产品的需求，根据土地利用总体规划确定的不得占用的耕地。是从战略高度出发，为了满足一定时期人口和国民经济对农产品的需求而必须确保的耕地的最低需求量，老百姓称之为“吃饭田”“保命田”。

“永久基本农田”即无论什么情况下都不能改变其用途，不得以任何方式挪作他用的基本农田。

基本农田保护区示意图

19. 什么是高标准农田?

高标准农田是指田块平整、集中连片、设施完善、节水高效、农电配套、宜机作业、土壤肥沃、生态友好、抗灾能力强，与现代农业生产和经营方式相适应的旱涝保收、稳产高产的耕地。

甘肃疏勒河灌区

20. 我国的粮食作物主要有哪些?

（1）以籽实为收获物的谷类作物，主要有水稻、小麦、大麦、燕麦、黑麦、小黑麦、玉米、高粱、谷子、糜子等。

（2）以种子供食用的作物，主要有大豆、小豆、蚕豆、豌豆、绿豆、扁豆等。

（3）以块根和块茎为食用部分的作物，主要有甘薯（亦称白薯、地瓜、红苕、红薯）、木薯和马铃薯。薯类折算成粮食的比例一般为5：1。

我国四大主要粮食作物包括水稻、小麦、玉米和马铃薯。

21. 我国的经济作物主要有哪些?

（1）油料作物：主要有油菜、花生、芝麻、油葵、胡麻、油茶、红花、油棕、蓖麻等。

（2）纤维作物：主要有棉花、黄麻、红麻、大麻、亚麻、苘麻等。

（3）糖料作物：主要有甘蔗、甜菜、甜叶菊、甜高粱等。

（4）香料作物：主要有小茴香、大茴香、肉桂、胡椒、玉桂、薄荷、香茅草、玫瑰等。

（5）药用作物：主要有人参、三七、当归、天麻、贝母、枸杞、杜仲、黄连等。

（6）其他：主要有茶叶、烟草、咖啡等嗜好作物，蓝靛、番红花等染料作物。

22. 我国四大主要粮食作物生育期及关键需水期有哪些？

（1）水稻。生育期分为秧苗期、插秧期、分蘖期、拔节期、孕穗期、抽穗期、扬花期、灌浆期、成熟期。水稻全生育期需水量较大，各生育阶段灌溉技术要点为：薄水插秧、浅水返青、分蘖前期湿润、分蘖后期晒田、拔节孕穗期回灌薄水、抽穗开花期保持薄水、乳熟湿润、黄熟期湿润勤落干。

（2）小麦。冬小麦生育期分为播种期、出苗期、分蘖期、越冬期、返青期、拔节期、孕穗期、抽穗期、开花期、灌浆期及成熟期。关键需水期为分蘖期、返青期、抽穗期、灌浆期等。春小麦生育期分为播种期、出苗期、分蘖期、拔节期、孕穗期、抽穗期、开花期、灌浆期及成熟期。关键需水期为分蘖期、拔节期、孕穗期和灌浆期。

（3）玉米。生育期分为发芽出苗期、苗期、拔节期、抽雄吐丝期和灌浆成熟期。关键需水期为发芽出苗期、抽雄吐丝期。

（4）马铃薯。生育期分为休眠期、发芽期、苗期、块茎形成期、块茎膨大期和成熟期。关键需水期为块茎形成期和块茎膨大期。

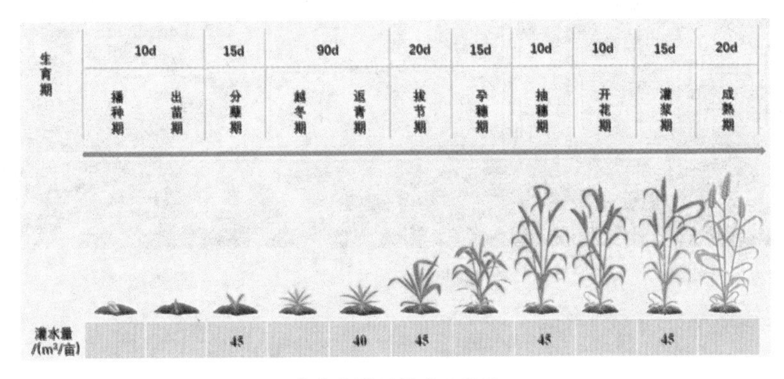

冬小麦灌溉制度示意图

23. 灌溉对保障粮食安全的作用体现在哪些方面?

粮食生产根本在耕地，命脉在水利，粮食丰产丰收离不开灌溉保障。灌溉对保障粮食安全的作用包括：

（1）保障粮食稳产高产。灌溉可以使作物生长得到适当的水分供应，避免或减少干旱等自然灾害的影响。

（2）提高复种指数。灌溉可以克服季节性干旱，实现一年多熟的种植模式，还可以通过改善土壤条件，实现一年多季种植。

（3）提高作物的品质。灌溉可改善土壤结构、调节田间小气候，有助于作物的生长和营养的吸收。

湖北漳河灌区

24. 为什么要优先将大中型灌区有效灌溉面积建成高标准农田?

（1）大中型灌区是粮食生产的主战场。开源引水灌溉是灌区建设的首要任务，提升了抗旱排涝能力，为粮食连年丰收提供了有力支撑。

（2）基础条件好。大中型灌区一般水土资源条件优越，灌排工程设施完善，管理科学有序、节水高效。

（3）农业现代化生产条件好。大中型灌区土地集中连片，有利于推动规模化经营、机械化生产。

（4）增产潜力大。大中型灌区灌排保证率较高、耕地质量好，亩均产量是全国平均水平的 1.5~2 倍。

黑龙江青龙山灌区

25. 灌区对推动乡村振兴和农民共同富裕有哪些作用?

（1）灌区是我国粮食和优质农产品的主要产区，是粮食安全的重要保障，为农业农村经济社会发展提供重要支撑，有力推动了乡村产业振兴，助力乡村产业兴旺、生活富裕。

（2）灌区通过多年的续建配套与节水改造，提供农村劳动力就业，逐步实现设施完善、节水高效、管理科学、生态良好，有力推动了乡村振兴、生态改善，助力乡村生态宜居、治理有效。

江苏周山河灌区

26. 灌区对保障城乡居民饮水安全有哪些作用?

（1）保障水量。一些灌区除了保障农田灌溉外，还承担着城乡居民生活用水的供水任务，保障了沿途居民饮水水量安全。如淠史杭灌区每年向合肥市、六安市及沿渠城镇等供水约 7 亿 m^3，保障了约 1400 万人口的饮水安全。

（2）保障水质。一些地区饮用水水源水质本底条件较差，通过灌区输配水实现水源置换，保障了沿途城乡居民饮水水质安全。如河北省南水北调优质水通过石津干渠向石家庄、辛集、衡水、沧州等地 2000 多万人供水，其中，饮水型氟超标地区约 500 万人喝上了优质水。

河北石津灌区南水北调石津干渠进水口

内蒙古河套灌区总干渠

三、管理体制与机制

大中型灌区工程涉及骨干工程、田间工程，实施专管和群管相结合的管理方式。本章重点围绕大中型灌区管理模式、标准化管理等管理体制与机制方面进行简述。

27. 为什么我国大多数灌区实行“统一管理与分级管理”相结合的管理体制?

大中型灌区跨乡镇、跨县区，甚至跨地市，渠系工程干、支、斗、农渠（沟）系等级相差较大，因此，大多数灌区实行“统一管理与分级管理”相结合的管理体制。

（1）统一管理主要体现在灌区水资源平衡、供用水配置、灌区发展规划、用水户关系协调等，一般由灌区管理机构承担，比如四川省都江堰水利发展中心。

（2）分级管理主要体现在灌区工程建设和运行管护，既涉及跨地市或县区的区域分级管理，也涉及灌区渠（沟）系工程的分级管理，灌区骨干工程的运行管护一般由灌区管理机构下设的管理站、所负责，支渠等骨干工程由县级水利工程管理单位负责，斗、农渠等末级渠系工程一般由村集体或农民用水合作组织负责。

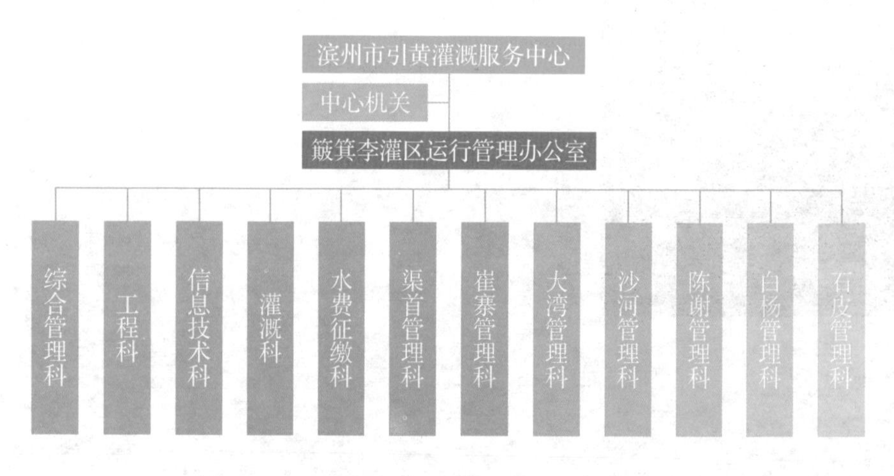

山东簸箕李灌区组织机构图

28. 什么是灌区标准化管理?

灌区管理单位根据需求牵引和问题导向，建立和完善统一的规章制度、管理办法、标准规范、操作细则等文件和手册，化繁为简，在日常管理工作中予以执行应用，形成制度化、规范化、协同化的运行管理，提升灌区的整体服务水平和运行效能。

江苏江都水利枢纽

29. 如何实现灌区标准化管理？

灌区日常管理主要包括引水、输水、配水、量水、闸门启闭、泵站操控、水费收支、维修养护等内容。由于灌溉范围广、灌排渠道长、配水节点多等因素，必须要推行标准化管理。

（1）统一。统一是尺度。面对广袤的灌溉服务区域和众多的供水服务对象，灌区的运行、调度、管理、服务规则，以及水价制度只有进行统一规定，做到有标可依，才能规范化运行管理。主要节点、部位和环节实现目视化管理，让人一目了然。

（2）简化。简化是手段。灌区是个复杂的系统，很多灌区包括生产、生活、生态供水。需求的多样化必然带来复杂的供配水方案，因此，必须进行简化，把复杂的事情简约化，做到简约而不简单，以便于操作实施。

四川都江堰灌区标准化管理工作手册

（3）优化。优化是目的。北方引黄灌区很多为高扬程提水，通过制定优化调度规则，实现节能安全运行。南方灌区大多是“长藤结瓜”型，通过实行优化输配水方案，提升灌溉供水保证率。大型灌区输配水渠道长，通过优化水位-流量关系，统筹上下游，衔接左右岸，提升水资源节约集约利用水平。

（4）协同。协同是本质。根据灌区的系统架构和逻辑关系，将灌区渠系管道、建筑物、田间工程、运行调度方案等“软硬件”，概化成一个个“子系统”，通过多目标协同，理顺“水—土—粮—生”多要素之间的内在关系，形成系统化的管理规则。

四川都江堰灌区三合堰引水枢纽

30. 灌区管养分离的模式有哪些？

为了精简管理机构、提高维修养护水平、降低运行成本，在对水管单位科学定岗和核定管理人员编制的基础上，将水利工程维修养护业务和维修养护人员从水管单位分离出来，一般有以下模式：

（1）独立或联合组建专业化、具有独立法人资质的管护公司，自主经营，自负盈亏。

（2）下设管理段、管理站，专职渠（沟）系及配套建筑物工程和设备维修养护，按照年度工程维修养护工作计划，实行预算管理。

（3）具有开展灌区渠（沟）系及配套建筑物和设备维修养护资质的社会化服务企业，通过政府采购第三方物业化服务的方式，实施灌区工程和设备的维修养护。

江苏龙袍圩灌区红山窑水利枢纽

31. 农民用水合作组织等群管组织具有哪些作用?

（1）农民用水合作组织是农业生产经营者的自发组织，具有协调供用水、用水计量、供水收费、工程运行管护的职能，能够贯彻落实用水节约、总量控制、定额管理、构建工程良性管护机制等各项政策，能够按照协商原则，建立合理的水价机制，是推动小型农田水利工程良性运行的重要基础。

（2）斗、农渠等小型农田水利工程，按照“谁受益、谁管护”的原则，一般交由农民用水合作组织管理和维护。

32. 灌区“两费”指什么？

灌区“两费”是指公益性人员基本支出经费和公益性工程维修养护经费。

（1）公益性人员基本支出经费一般指核定的灌区公益性岗位人员的工资、福利等。

（2）公益性工程维修养护经费一般包括用于实施灌区工程维修养护的人工费、材料费、机械使用费等。

33. 灌区群管模式有哪些?

（1）村集体管理模式。一般聘用水管员，负责工程的运行管护。

（2）用水合作组织管理模式。一般成立农民用水户协会，或依托于农村经济合作组织、专业合作社等，负责工程运行管护。

（3）农业企业经营主体管理模式。农业企业经营下的灌区斗农渠渠系一般由其专业队伍负责运行管护。

（4）家庭农场、农业大户管理模式。家庭农场、农业大户经营下的田间工程由其负责日常运行管护。

农民用水户协会办公场所示意图

新疆叶尔羌河灌区喀群泄洪闸闸房内部

四、安全管理和工程管理

本章重点围绕灌区安全管理和工程管理的一些重点要点进行介绍，主要包括灌区运行管理、应急预案、安全监测、安全标识设置、水利工程日常巡查、划界确权以及现代化改造等内容。

34. 灌区项目建设“四制”指什么?

（1）项目法人责任制：由项目法人对项目策划、资金筹措、建设实施、生产经营、偿还债务和资产保值增值实行全过程负责。

（2）招标投标制：项目的勘查、设计、施工、监理以及与工程建设有关的重要设备、材料等的采购，符合国家规定范围和金额标准的必须进行招投标。

（3）建设监理制：具有法人资格的监理单位受建设单位的委托，对工程建设实施的投资、工程质量和建设工期监督管控。

（4）合同管理制：项目规划、设计、施工、监理等建设活动必须要有相应的书面合同，并以合同为基础对这些活动进行管理。

35. 什么是水利安全生产风险管控“六项机制”？

水利安全生产风险管控“六项机制”具体是指查找、研判、预警、防范、处置和责任机制，涉及的责任主体为各类水利生产经营单位，监管主体为各级水行政主管部门、流域管理机构。其主要目的是提升水利安全生产的风险管控能力，有效防范和遏制生产安全事故，为新阶段水利高质量发展提供坚实的安全保障。

（1）查找。全面辨识危险源，辨识范围包括所有区域、场所、部位、工艺流程、设施设备、工作面以及涉及的所有危险物品等，还需辨识所有工作岗位和参与人员可能存在的危险源。

（2）研判。确定危险源的风险等级，分为重大风险、较大风险、一般风险和低风险四个等级，并采用红、橙、黄、蓝四种颜色标示。

（3）预警。根据研判结果，及时发布预警信息，提请相关单位和个人注意安全风险。

（4）防范。制定并实施有效的安全防范措施，以降低风险带来的危害。

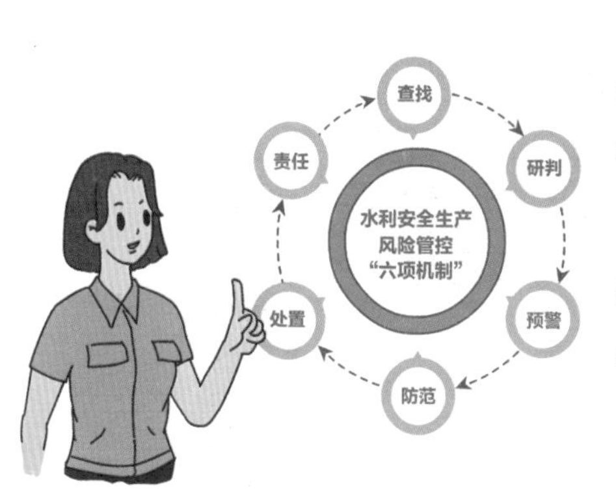

（5）处置。在风险事件发生后，及时采取有效的措施进行处置，以减少可能的损失。

（6）责任。明确各级单位和个人的责任，确保各项风险管控措施得到有效执行。

36. 灌区应急预案主要有哪些?

（1）安全生产事故应急预案：主要针对灌区水利工程建设与运行活动、生产经营和后勤保障活动，应明确事故等级、组织体系、隐患排查频率、风险分级管控措施、事故报告流程、先期研判处置措施、培训和演练要求等，同时应制定简单易行的应急组织体系和应急响应流程。

（2）水旱灾害防御应急预案：针对灌区内水旱灾害的预防和处置，应明确组织体系、各级职责和等级判定，灾害监测、预报预警、上报或发布要求，响应启动、终止条件和内容，同时应制定水旱灾害防御调度工作流程。

（3）水污染应急预案：为了有效应对灌区水污染突发事件，保障灌区用水安全和生态环境，最大限度减少损失和危害，应制定水污染应急预案，明确组织机构和职责，水质监测与预警机制，应急响应程序，后期处置和恢复措施，培训、演练要求以及保障措施等。

37. 灌区工程和运行安全监测的重点是什么？

（1）工程安全监测重点：堤坝、渠（沟）道及配套水工建筑物是否存在位移、裂缝、倾斜、沉降、变形、渗漏等影响工程稳定性问题。

（2）运行安全监测重点：

1）水位和流量：准确掌握灌区的水位和流量变化，确保灌溉用水的合理分配。

2）设备运行状态：对机电设备的运行参数进行监测，保障运转正常。

3）地下水水位：井灌区需监测地下水水位的变化，避免过度开采导致地面沉降。

4）坡面稳定性：位于山区、丘陵的灌区需要监测坡面的稳定性，避免或减少滑坡、泥石流等地质灾害对工程的影响。

工程安全监测示意图

38. 灌区安全标识标牌主要有哪些?

（1）禁止标识：表示禁止某种行为，如“禁止翻越”“禁止游泳”“禁止垂钓”等。

（2）警告标识：提醒人们注意潜在的危险，如“注意安全”“当心触电”等。

（3）指令标识：指示人们应采取的行动，如“必须戴安全帽”“必须穿救生衣”等。

（4）提示标识：提供安全提示信息，如“紧急出口”“灭火器位置”等。

39. 灌区工程日常隐患排查的重点是什么？

（1）堤坝和渠道：检查渠道是否存在渗漏、破损、滑坡、塌陷、淤堵、高填方或傍山渠坡管涌等问题，确保堤坝的稳定性和结构完整性。

（2）水工建筑物：检查水闸、泵站、涵洞、渡槽等的运行状况，设备的老化程度，启闭设备的可靠性；检查工程观测、监测设施是否完备，是否可正常开展观测监测。

（3）电气设备和供电系统：检查电线电缆的老化、绝缘状况，配电设备的安全性。

（4）防汛设施：检查防汛堤、排水系统的畅通性，防汛物资的储备情况。

（5）安全防护设施：检查栏杆、警示标识等安全防护设施的完整性。

（6）周边环境：关注灌区周边的地质灾害、水土流失等环境问题对工程的影响。

工程隐患排查示意图

40. 灌区骨干工程日常巡查要点有哪些?

（1）安全生产情况：安全责任人到岗、危险源辨识与管控、安全标识标牌设置、消防安全设施设备配备等情况。

（2）工程运行状况：供排水是否正常，水工建（构）筑物结构及金属、机电、观测等配套设施是否正常，工程简介等标识标牌是否完好。

（3）违章违规行为：工程管理范围内是否存在“乱建、乱占、乱排、乱倒”等“四乱”行为。

闸门日常巡查示意图

41. 灌区骨干工程日常养护要点有哪些?

（1）保持渠（沟）道通畅：及时清理渠道内的杂草、杂物、淤泥等。

（2）确保高效运行：及时对破损渠道进行防渗处理，对钢闸门等金属设备进行防锈腐处理等。

（3）保证水质水量：加强对水源地的保护，监测水质，合理调配水资源，满足灌区用水需求。

（4）保持环境整洁：对工程周边定期进行清理、绿化养护，保持环境整洁、植被良好。

42. 水工建筑物管理房内制度上墙包括哪些内容?

（1）安全管理制度：包括安全检查制度、应急预案及明确责任人等。

（2）值班制度：规定管理人员的值班安排、职责和交接班流程等。

（3）物资管理制度：设施设备、管养工具等物资的采购、存储、使用和报废办法。

（4）日常巡查制度：制定定期巡视的路线、内容和记录要求及上报流程等。

（5）设备操作和维护规程：详细说明各种设备的操作方法、维护周期和保养要求。如闸门/启闭机操作规程、配电房安全操作规程、信息化系统维护操作规程等。

四川都江堰灌区水闸管理房内制度上墙

43. 如何划定水利工程管理与保护范围？

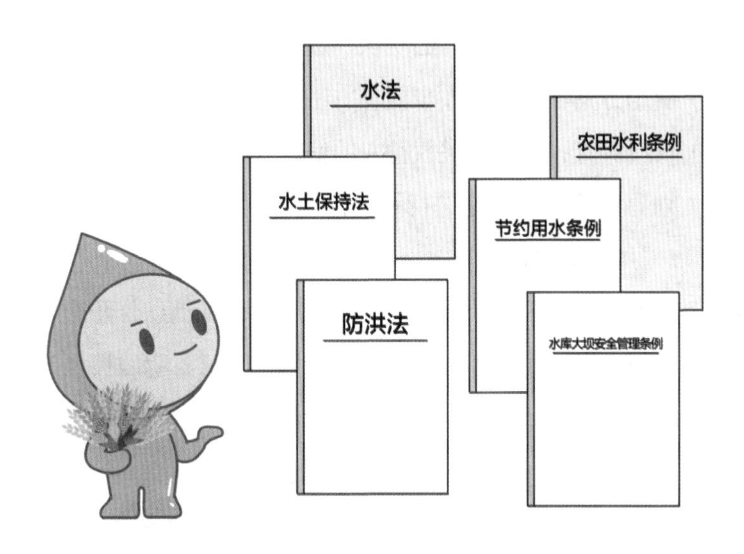

任何单位和个人不得擅自占用农业灌溉水源、农田水利工程设施。

根据水利工程类型和规模，结合工程设计图纸和周边环境，按照相关法律法规、水利工程设计文件、技术标准，划定水利工程管理与保护范围界线，划定成果由县级以上人民政府向社会公布。

44. 如何开展灌区水利工程划界确权？

（1）前期准备：收集相关资料，明确工作目标和范围。

（2）实地勘查：了解工程的现状、边界和周边环境等情况。

（3）制定方案：明确工作步骤、方法和时间安排。

（4）权属调查：核实相关权益人的信息和权益情况。

（5）划界标注：在实地进行划界标注，明确灌区水利工程的边界范围，可以采用设置界桩、标志物等方式。

（6）公示公告：公示公告划界确权结果，确保信息公开透明。

（7）登记发证：对划界确权结果进行登记发证，明确权属关系。

45. 灌区改造的条件和内容是什么？

（1）改造条件。灌区管理单位应对管理范围内水利工程进行安全评估或鉴定，达到以下条件可以进行改造：

1）工程老化或损坏：灌区内水利工程出现老化、损坏或渗漏等问题，影响灌溉效率和工程安全。

2）灌溉需求变化：原有的灌区灌溉能力无法满足实际需求，需要进行改造以恢复灌溉面积或提高灌溉效率。

3）水资源供需问题：灌区面临水资源短缺或水质污染等问题。

4）技术需更新和升级：有更先进的灌溉技术和管理方法可应用于灌区，以提高水资源利用效率和管理水平。

（2）改造内容。改造内容一般包括渠系及水源工程、输配水工程、排水工程、田间工程、信息化建设、管理体系建设等。

（a）改造前

（b）改造后

陕西东雷抽黄灌区新民二级站改造前后

湖南韶山灌区洋潭引水枢纽

五、供用水管理与节水

本章重点围绕灌区取水许可、总量控制、定额管理、水权分配、供水调度、用水管理、节水灌溉等方面的知识，解答供用水管理与节水相关的问题。

46. 农业节水增效“五项制度体系”是什么？

（1）建立健全科学灌溉制度体系。根据农作物的生物学特性与需水规模制定科学的灌溉制度和灌溉定额。

（2）建立健全用水计量监测体系。提升农业用水计量监测的覆盖面、准确性、实用性，为强化农业用水需求侧管理提供支撑。

（3）建立健全农业水价政策体系。完善科学合理的水价形成机制，遏制不合理用水需求，引导节水灌溉，吸引社会资本投入灌区建设管理。

（4）建立健全节水市场制度体系。推进用水权市场化交易，健全节水奖励机制，调动农业用水户节水积极性、主动性。

（5）建立健全节水技术及服务体系。推广先进适用的节水灌溉技术，实行专业化指导，提供便利化服务，提升高效化水平。

47. 大中型灌区为什么要落实取水许可？

农业灌溉是第一用水大户，大中型灌区有明确的管理主体和管理范围。《取水许可和水资源费征收管理条例》规定大中型灌区作为取水工程，应落实取水许可。

（1）取水许可是落实以水定地、强化用水总量控制、实施最严格水资源管理制度的重要手段。

（2）落实取水许可可以加强水资源管理和保护，促进水资源的节约与合理开发利用。

（3）不落实取水许可会导致灌区水资源无序开采利用，极易出现用水超过环境承载能力，引发地下水水位下降和生态恶化等问题。

48. 如何落实灌溉用水总量控制、定额管理?

灌溉用水总量控制和定额管理是指在灌区可用水总量一定的情况下，根据不同的用水对象和用水需求制定相应的用水定额，合理配置和使用水资源。落实灌溉用水总量控制和定额管理的措施如下：

（1）根据“以水定地、以水定产”的原则，测算可用水总量，落实水资源刚性约束，结合实际动态优化调整灌溉用水总量指标，分区域进行用水总量逐级细化分解，强化灌区取水许可与用水单元分配计量，明确水权。

（2）完善用水计量设施，加强灌区用水单元的用水计量监控；实行超定额累进加价制度，发挥水价调节和水权在促进节约用水方面的作用。

（3）强化用水定额管理，严格执行地方行业用水定额，建立定额内精准补贴和节水奖励机制，鼓励推广应用节水灌溉技术，坚决遏制大水漫灌。

（4）加强灌溉试验站建设及灌溉试验成果推广应用，分区分类科学确定灌溉定额并建立定期发布制度，指导科学灌溉。

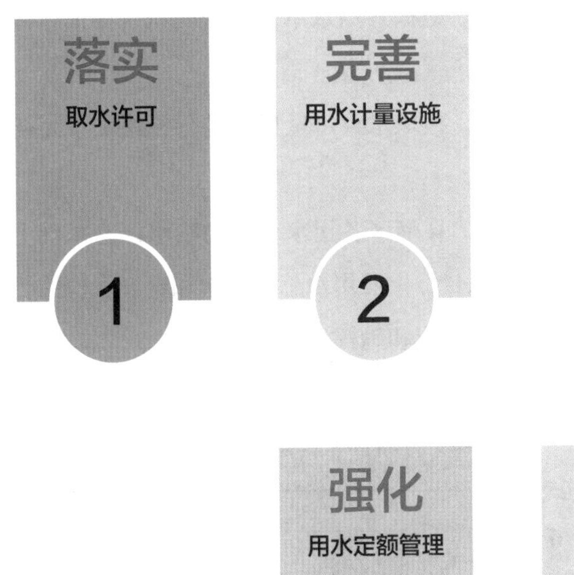

49. 灌区如何将灌溉用水权分配到基本用水单元?

（1）划分用水单元。根据灌区实际和计量条件，把灌溉用水权分配到灌片、村集体、农民用水合作组织等。

（2）摸清可供水总量。根据灌区取水许可和水源情况，确定灌区可供水总量。

（3）测算灌溉需水量。根据各用水单元灌溉面积、种植结构、作物灌水定额、灌水方式测算灌溉需水量。

（4）分配初始用水权。按取水许可量指标进行各用水单元初始用水权分配。

（5）确定用水权分配。在灌区各用水单元初始水权的基础上，根据灌区可供水量和灌溉需水量，按照用水总量控制和定额管理的要求，计算确定各用水单元用水权分配和确权水量。

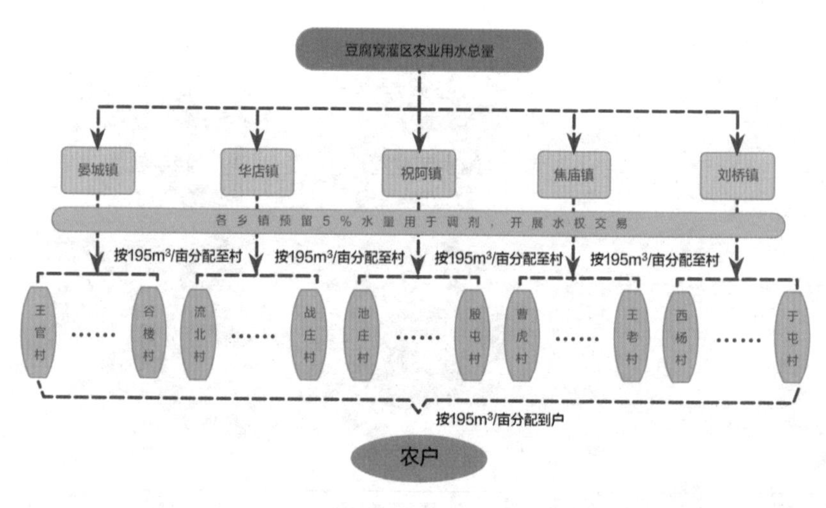

山东豆腐窝灌区水量分配流程图

50. 灌区年度用水计划主要有哪些内容？

灌区年度用水计划是实现灌区水资源优化配置、节约用水、提高水资源利用率和保障粮食稳产增产的重要手段。灌区年度用水计划主要包括：

（1）供需水预测。根据降水、水源来水和蓄水情况，灌区作物种植结构和播种面积以及经济社会发展水平，考虑生态用水需求，制定灌区各用水单元供需水计划。

（2）水资源配置。基于各用水单元供需水预测结果，按照灌区水资源配置单元和拓扑关系，结合实际供需关系，进行水资源配置与动态调整。

（3）输配水调度。根据各用水单元水资源配置结果，结合灌区渠系等输配水工程供水能力，以配水时间最短和调度水量最少等为目标，制定灌区渠系输配水调度方案。

51. 如何制定灌区用水计划?

（1）预测灌区当年供需水量。结合灌区灌溉历史数据、各用水单元上报水量数据等信息，预测灌区当年供需水量。

（2）修正灌区供需水量。根据灌区降水、来水和蓄水实际情况，灌区实际作物种植结构、播种面积以及经济社会发展水平，考虑生态用水需求，修正灌区供需水量。

（3）编制灌区水资源配置方案。按照灌区水资源配置单元和拓扑关系，结合实际供需关系，编制灌区水资源配置方案。

（4）制定灌区渠系输配水调度方案。根据各用水单元水资源配置结果，结合灌区输配水工程供水能力，以配水时间最短和调度水量最少等为目标，制定灌区渠系输配水调度方案。

（5）用水计划管理总结与评价。从调度计划完成情况、供水保证程度、渠道输水稳定情况、供水效率、渠道输水能力等方面对年、月、旬水量调度结果进行总结和评价。

52. 什么是春灌、夏灌、秋灌、冬灌？主要作用分别是什么？

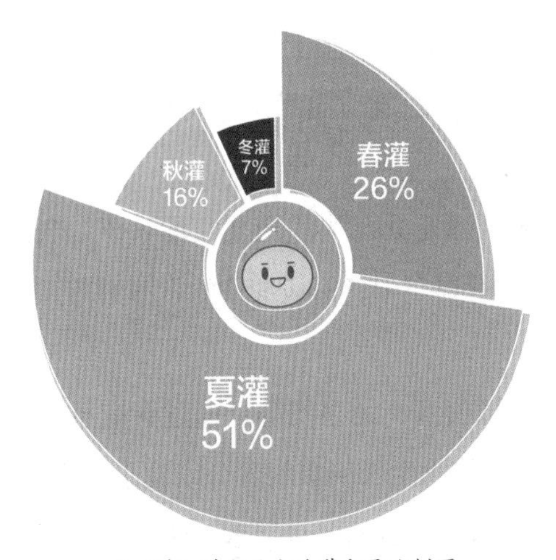

“四灌”灌水量占总灌水量比例图

（1）春灌是为保证春播作物正常生长和越冬作物及时返青而实施的灌溉，有固土保墒、抵御春旱、改碱保苗、调节气温、减轻春寒和晚霜危害的作用。

（2）夏灌指夏天伏旱期间作物生长对水分的需求量大，为保证秋粮作物丰产增收而实施的灌溉，主要起到保苗壮苗、促进粮食增产的作用。

（3）秋灌主要是为补充秋季降雨不足，满足作物生长所需水分而实施的灌溉。在西北河套地区又称秋浇，是农田休闲期对农田实施灌水压盐，和北方地区的冬灌比较类似。

（4）冬灌指秋播地土壤封冻前的灌溉，是为提升冬季农田土壤水储量、压碱改土、改善土壤水分状况而实施的灌溉，有蓄水保墒、抗御春旱、改良土壤结构、调节地温、减轻冻害、消灭害虫及病害、保护表土等作用。

53. 常见的田间灌溉方式有哪些?

（1）地面灌溉，主要包括沟灌、畦灌、膜上灌和格田灌溉。通过引水进入畦田、灌水沟或格田，水在地面流动或蓄存过程中，渗入土壤供植物根系吸收利用。

（2）喷灌，主要包括移动式、固定式和半固定式喷灌系统。利用管道和喷头将具有一定压力的水喷射到空中，形成细小的水滴洒落到土地上的一种灌水方法。

（3）微灌，主要包括滴灌、微喷灌、涌泉灌等。通过管道系统与安装在末级管道上的灌水器，将水和植物生长所需的养分以较小的流量，均匀、准确地直接输送到植物根部附近土壤的一种灌水方法。

（4）其他，如低压管灌、渗灌等。

54. 如何区别大水漫灌与常规地面灌溉?

常规地面灌溉不一定是大水漫灌，两者主要区别在于是否控制灌水量，是否有控制水流漫流的田间措施，是否采取了大田划小田措施。灌区经过多年续建配套，大水漫灌基本消除。

（1）常规地面灌溉是引水进入畦田、灌水沟或格田，水在地面流动或蓄存过程中，渗入土壤供植物根系吸收利用。

（2）大水漫灌是灌溉水沿地面坡度漫流，引水入田后，粗放用水，不加控制管理，任水漫流。

畦灌

交替沟灌

格田灌溉

大水漫灌

55. 灌区主要节水措施有哪些？

灌区主要节水措施有工程（技术）节水、管理节水、农艺节水措施。工程（技术）节水措施是基础，管理节水措施是保障，农艺节水措施是关键。

（1）工程（技术）节水措施包括渠道防渗、管道输水、改进地面灌水技术、推广喷微灌等高效节水灌溉技术。

（2）管理节水措施包括用水总量控制和定额管理，促进用水计量配置到供用水合理断面，推进农业水价综合改革，改进灌溉制度，建立节水技术服务体系，改进水源管理，改革水管理体制等。

（3）农艺节水措施包括调整作物种植结构，采用耐旱节水品种，加强深松耕作、秸秆覆盖、施用化学保水剂等。

56. 如何科学制定灌溉制度？

（1）总结灌区传统灌溉制度。在灌区范围内调查多年不同作物生育期的灌水次数、灌水时间间隔、灌水定额及灌溉定额，初步制定灌溉制度。

（2）应用灌溉试验成果。在传统灌溉制度基础上，开展田间灌溉试验，科学合理确定主要作物灌溉制度，如灌溉定额、灌水次数、灌水时间和灌水定额，指导灌区灌溉实践。

（3）实时修正灌溉制度。根据气象、土壤墒情和水源供水等条件实时修正灌溉制度，按照精准时段和精准水量的要求，及时供水满足粮食作物的关键生育期水分需求，从而保障灌区粮食稳产高产。

安徽淠史杭灌区灌溉试验重点站

57. 什么是水肥一体化？其主要优点有哪些？

（1）借助压力系统或地形自然落差，将可溶性固体或液体肥料，按土壤肥力和作物关键生育期需肥规律和特点，通过专用装置（水泵）注入灌溉系统，使水肥相融后施入土壤，满足作物的水肥需求。

（2）主要优点包括省工、节水、节肥、提高肥料利用率、增产增效等，可以大大减轻化肥、农药带来的环境污染。

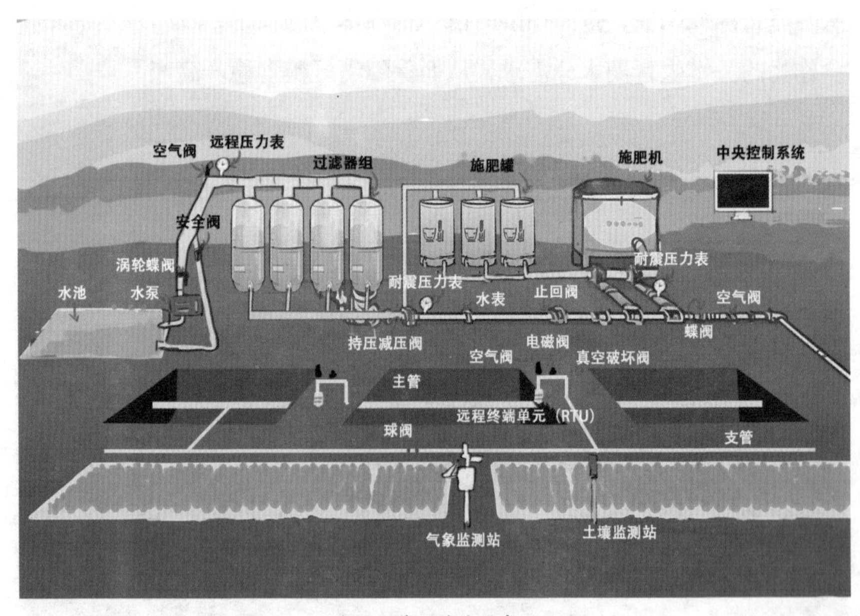

水肥一体化系统示意图

58. 什么是节水灌溉面积和高效节水灌溉面积?

（1）节水灌溉面积是指采用节水灌溉工程措施控制的灌溉面积。节水灌溉工程措施是指为减少灌溉输配水系统和田间灌溉过程水损耗而采取的工程措施，包括渠道防渗、管道输水灌溉、喷灌、微灌以及与其相联系的水源工程、地面灌溉的田间工程等。在《节水灌溉工程技术标准》(GB/T 50363)中明确了渠道防渗、管道输水灌溉、喷灌、微灌等节水灌溉技术的农田灌溉水有效利用系数要求。

（2）高效节水灌溉面积通常指喷灌、微灌、管道输水灌溉等工程措施控制的灌溉面积。

渠道防渗

管道输水灌溉

喷灌

滴灌

59. 什么是节水型灌区？

节水型灌区指节水制度完善、节水体制机制健全、节水技术应用水平先进，在工程节水、骨干和田间管理节水，总量控制与定额管理，用水计量与水价改革，取用水管理，宣传培训等方面符合相关标准，并通过省级及以上评价的灌区。

60. 什么是灌区水效领跑者引领行动?

灌区水效领跑者引领行动是水利部和国家发展改革委按照《灌区水效领跑者引领行动实施细则》定期发布用水效率先进、管理规范、示范带动作用显著的大中型灌区水效领跑者名单和经验介绍的活动。灌区水效领跑者是同类可比范围内用水效率处于领先水平的灌区，是节水型灌区的优中选萃。

该行动通过树立具备区域代表性的高水效标杆来推动农业灌溉用水效率不断提升，增强农业用水领域节水、爱水、护水意识，促进节水型社会建设。

甘肃昌马灌区

61. 什么是灌溉试验站？我国灌溉试验站是如何分布的？

（1）灌溉试验站是专门从事灌溉试验观测和相关研究的单位。灌溉试验站一般建有专用试验场地，配备完善的灌溉排水等基础设施以及相关仪器设备，有固定的专业技术人员，主要研究农田灌排理论与新技术，揭示水分、肥料与作物生长发育及产量的关系，探求经济合理的灌溉制度、灌水方法和灌水技术，为灌溉工程规划设计和运行管理、灌溉效益分析提供基础数据，为主要作物灌溉用水定额制订提供依据，为强化农业用水管理提供技术支撑。

（2）目前，水利部设灌溉试验总站 1 处，灌溉试验中心站（流域、省区）、灌溉试验重点站共百余处；基本覆盖全国主要气候类型、江河流域、作物种类、水资源状况、土壤分类及生产水平区域，形成了“水利部灌溉试验总站—灌溉试验中心站（流域、省区）—灌溉试验重点站”的三级站网体系。

我国灌溉试验站网体系示意图

62. 灌溉试验站的功能是什么？

（1）监测采集农业灌溉基础数据。开展主要农作物长系列需水量、作物不同灌溉方式灌溉制度、水肥一体化试验观测，积累长期连续的土壤墒情、作物种植类型、单次灌水量、累计灌水量等基础数据，分析提出灌水定额、灌溉定额、灌溉水分生产效率、农业灌溉效益、节水效果等数据。

（2）开展灌溉试验研究。开展农业灌溉制度试验研究，提出不同地区农业节水灌溉制度、节水灌溉技术和模式；开展高效节水灌溉技术模式应用示范。

（3）推进灌溉试验数据应用。为编制区域主要作物灌溉用水定额提供基础；发布农业灌溉基础信息和节水灌溉新技术，为农业用水管理、工程规划设计、灌区管理等提供技术支撑；向灌区管理部门及用水户提供土壤墒情、适宜灌排时间及灌溉水量等信息，指导农业灌溉和生产实践；宣传引导灌区、用水户应用节水灌溉新技术。

宁夏青铜峡灌区汉延渠

六、农业水价综合改革

本章重点围绕农业水价形成机制、用水管理机制、工程建设和管护机制、精准补贴和节水奖励机制等方面解答推进农业水价综合改革中的相关问题。

63. 为什么要推进农业水价综合改革?

江西袁惠渠灌区

农业水价综合改革是运用农田水利工程设施配套、管理创新、价格调整、财政奖补、技术推广、结构优化等多种举措统筹推进的一项综合性改革，是全面深化改革的重要内容之一；旨在建立健全农业水价形成、精准补贴和节水奖励、工程建设和管护、用水管理等机制；促进农业节水，实现农田水利工程良性运行，为农业现代化发展奠定基础，有力保障国家粮食安全和水安全。

为深入贯彻习近平总书记关于治水的重要论述精神，切实落实党中央、国务院关于推进农业水价综合改革决策部署，引导金融和社会资本等多渠道投入灌区建设与管护，进一步提升灌区支撑保障国家粮食安全能力，按照实施新一轮千亿斤粮食产能提升行动、逐步把永久基本农田建设成高标准农田、推动水利高质量发展等要求，坚持有利于水资源集约节约利用、有利于灌区可持续发展和良性运行、有利于吸引社会资本投入现代化灌区建设、总体不增加农民种粮负担的原则，深化农业水价综合改革，推进现代化灌区建设。

64. 南方丰水地区农业水价综合改革的要点是什么？

（1）在总体不增加农民种粮负担的前提下，因地制宜确定水价，推动农业水费征收，全面扩大农业用水计量收费面积，增强农民用水户有偿用水、用水缴费的水商品意识。

（2）结合行政区划或渠系布置合理划分用水单元、科学选配适宜的用水计量设施，根据农业用水控制总量合理分配用水单元的用水指标。

（3）加强用水计量数据的应用，针对用水单元完善水费征收制度和建立适宜的节水奖励机制。

（4）加强节水减排技术和节水意识宣传，落实末级渠系工程管护主体，加强末级渠系工程管护主体责任意识和管护经费保障，建立、强化末级渠系工程管护机制和监督考核机制。

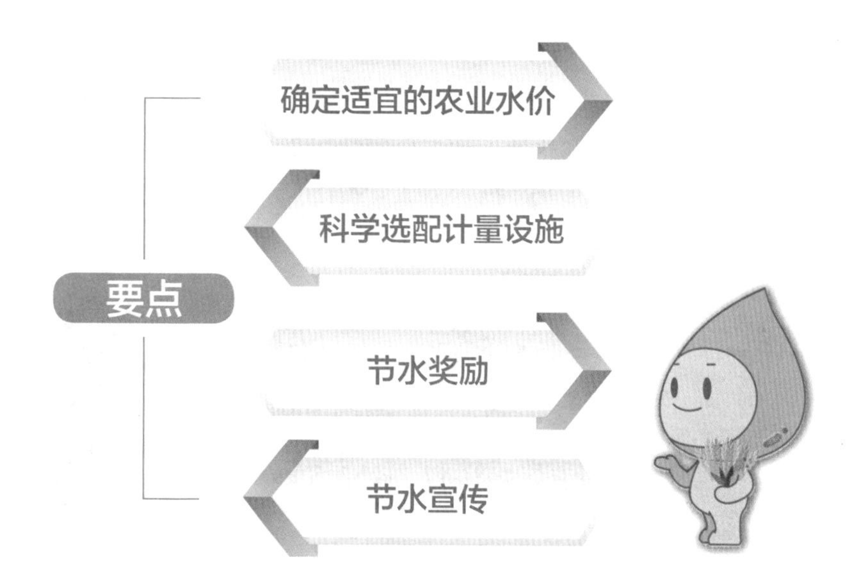

65. 北方缺水地区农业水价综合改革的要点是什么？

（1）加强农业供水成本核算和农业水价定价。将用水指标分配至合理用水单元，加强用水管理和用水计量，实施精细化供水服务，探索农业用水权交易。

（2）提升水资源配置效率，提高水资源利用效率和效益，利用价格杠杆促进绿色发展、实现水资源可持续利用。

（3）加强节水技术宣传推广，切实落实节水奖励机制。

（4）健全末级渠系工程管护机制和监督考核机制。

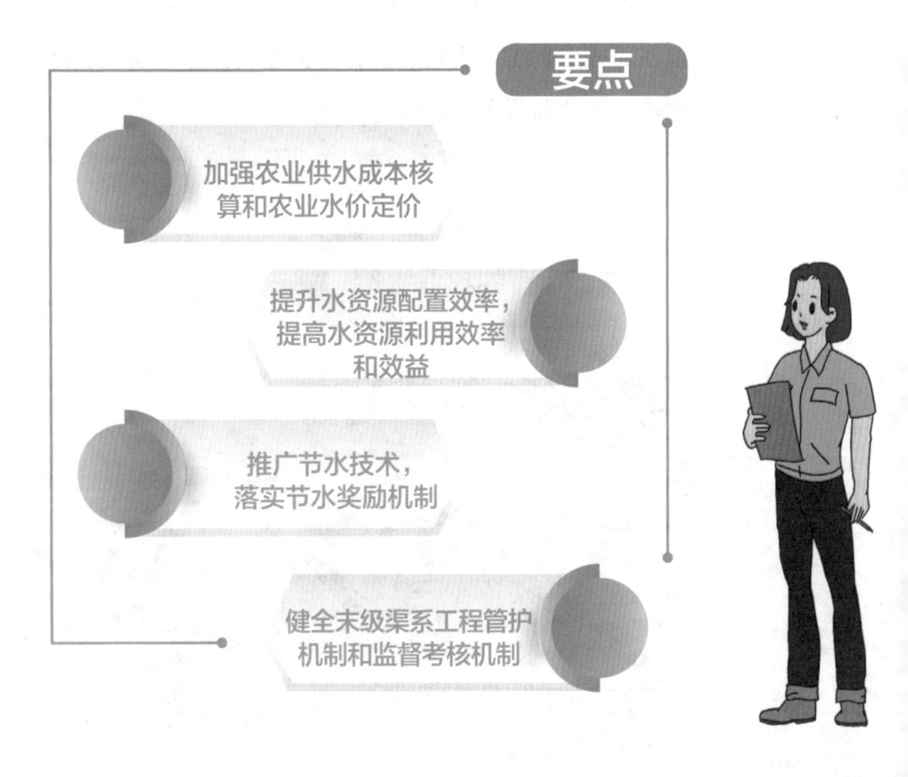

66. 农业水价综合改革的“四项机制”分别指什么?

（1）农业水价形成机制：包括明确水价成本测算、成本监审或调查、水价制定及发布等，供水价格原则上应达到或逐步提高到运行维护成本水平及以上。

（2）用水管理机制：包括明确用水总量控制、实行定额管理、落实用水指标（或用水权）细化分解、加强用水计划管理、开展用水计量考核、推广节水技术等。

（3）精准补贴和节水奖励机制：包括明确补贴和奖励的对象、标准、程序、考核机制、发放方式、资金来源和使用管理等。

（4）工程建设和管护机制：包括明确完善农田水利工程体系、配套建设供水计量体系、完善骨干工程运行机制、加强水费征收与使用管理，健全用水合作组织、明晰农田水利设施产权、明确管护主体、落实管护责任、保障管护经费、制定管护制度等。

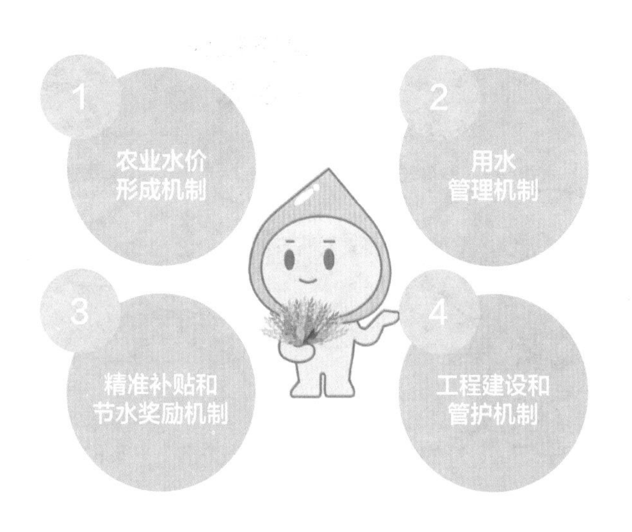

67. 灌区运行成本构成主要有哪些？

无论是灌区骨干工程，还是末级渠系，运行成本一般由材料费、修理费、大修理费、职工薪酬、管理费用、销售费用、其他运行维护费以及原水费、纳入定价成本的相关税金等构成。

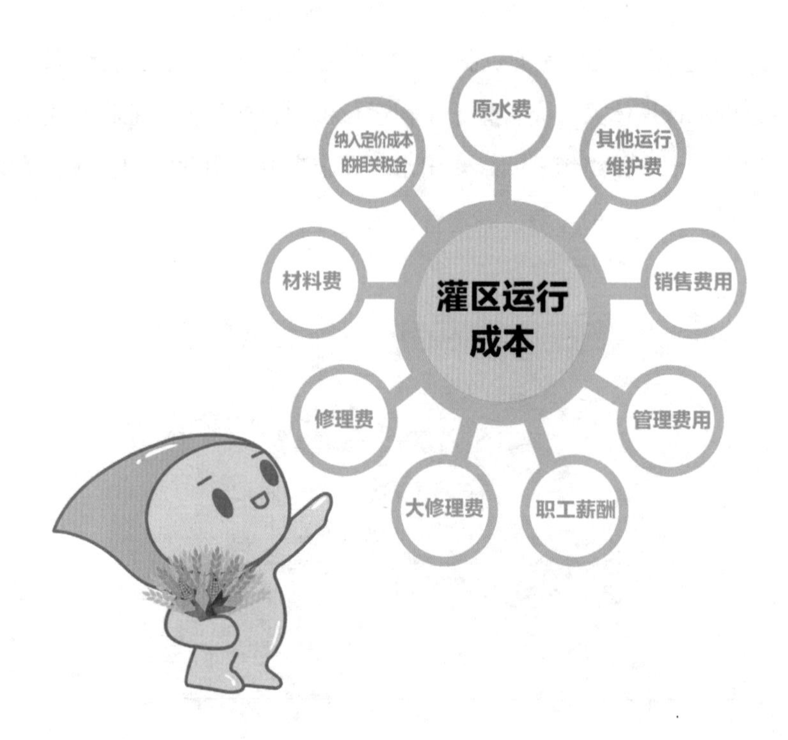

68. 如何建立和完善灌区用水权管理制度?

（1）大中型灌区和水源工程为国有的小型灌区、井灌区须办理取水许可证，明确取水许可水量，明晰灌区取水权。

（2）以取水许可水量为上限，依据分配的用水指标实行用水总量控制，根据灌区综合灌溉用水定额实行定额管理。

（3）根据灌区灌溉工程实际和配备的计量条件，因地制宜以斗渠等末级渠系控制的灌片、农村集体经济组织、农民用水合作组织或村民小组、用水管理小组、用水户等为用水主体合理划分适宜的用水单元，将用水总量控制指标细化分配到用水单元，并落实到具体水源，灌区管理单位以下达用水指标的方式或地方人民政府（或其授权的水行政主管部门）根据需要通过发放用水权属凭证的方式，明晰用水主体的用水权。

（4）灌区管理单位根据年度用水需求编制和下达用水计划，实行用水计划管理；在渠首，干支渠重要引水口、分水口，骨干工程与末级渠系供用水分界断面或用水单元用水交接点，井口等处配备计量设施，开展用水计量监测，为按量收费、超定额累进加价、节水奖励、用水权交易等提供水量依据。

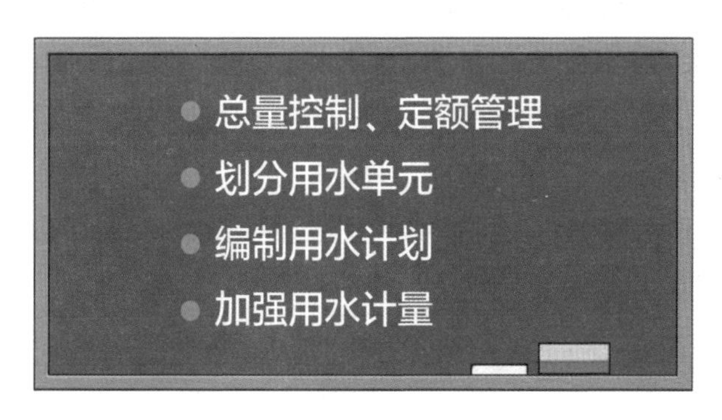

69. 水权交易的要点是什么?

（1）灌溉用水户水权交易在灌区内部用水户或者用水组织之间进行。交易的水量为节约的水量，交易不能侵占农业用水。

（2）在县级以上地方人民政府或者其授权的水行政主管部门通过发放用水权属凭证、分配用水指标等方式将用水权益明确到灌溉用水户或者用水组织的前提下，可以对节约的水量开展交易。

（3）灌溉用水户水权交易期限不超过一年的，无须审批，由转让方与受让方平等协商，自主开展交易；交易期限超过一年的，事前报灌区管理单位及县级以上地方人民政府水行政主管部门备案。

（4）灌区管理单位应当为开展灌溉用水户水权交易创造条件，并将依法确定的用水权益及其变动情况予以公布。

（5）县级以上地方人民政府或其授权的水行政主管部门、灌区管理单位可以回购灌溉用水户或者用水组织的用水权，回购的水权可以用于灌区用水的重新配置，也可以用于水权交易。

（6）交易、回购价格由交易双方协商确定，交易收益原则上归转让方所有。

（7）用水权交易、回购应在国家或地方水权交易平台、水权交易App上进行，以规范交易方式。

70. 灌溉用水为什么要交水费?

（1）依照《中华人民共和国水法》，使用水工程供应的水，应当按照国家规定向供水单位缴纳水费。《水利工程供水价格管理办法》（2022 年）规定：“用户应当按照规定的计量标准和水价标准按期交纳水费。用户逾期不交纳水费的，应当按照约定支付违约金。”

（2）收取水费是保障供水工程正常运行和维修养护经费的主要途径。

（3）按量征收水费有利于用水户增强“水商品”“有偿用水”意识，有利于节约用水。通过计量收水费，培养群众节约用水意识。

（4）通过收水费，可发挥群众社会监督作用，促进供水单位提高供水服务质量，加强供水工程运行维护。

农业用水刷卡缴费示意图

71. 农业水价如何制定？如何分级、分类、分档？

（1）分级制定农业水价。农业水价包括大中型灌区骨干工程水价、末级渠系水价和小型灌区水价，按照价格管理权限实行分级管理。大中型灌区骨干工程水价原则上实行政府定价，具备条件的可由供需双方协商定价；大中型灌区末级渠系水价和小型灌区水价，可实行政府定价，也可实行协商定价。

（2）分类制定农业水价。区别粮食作物、经济作物、养殖业等用水类型，在终端用水环节探索实行分类水价。统筹考虑用水量、生产效益、区域农业发展政策等，合理确定各类用水价格，用水量大或附加值高的经济作物和养殖业用水价格可高于其他用水类型。地下水超采区要使地下水用水成本高于当地地表水。

（3）推行分档制定农业水价。农业用水实行定额管理，对用水超定额的，逐步实行超定额累进加价制度，合理确定阶梯和加价幅度，促进农业节水。因地制宜探索实行两部制水价制度（基本水价和计量水价相结合的水价制度）和季节水价制度，用水量年际变化较大的地区，可实行基本水价和计量水价相结合的两部制水价；用水量受季节影响较大的地区，可实行丰枯季节水价。

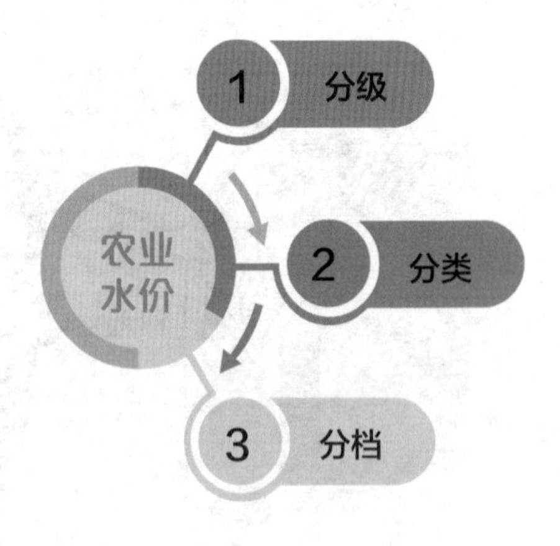

72. 如何健全农业用水精准补贴和节水奖励机制?

（1）精准补贴机制应依据执行水价和运行维护成本水价的差额，考虑地方财力状况等因素，确定补贴对象和补贴标准，重点补贴种粮农户定额内用水，因地制宜制定易于操作的补贴程序和补贴方式。

（2）节水奖励机制应根据节水量和节水幅度对采取节水措施、调整种植结构节水的规模经营主体、农民用水合作组织和农户等对象给予奖励，明确奖励标准，制定易于操作的奖励程序，奖励方式应为广大用水户普遍接受。

（3）多渠道筹集奖补资金，规范奖补资金使用管理。

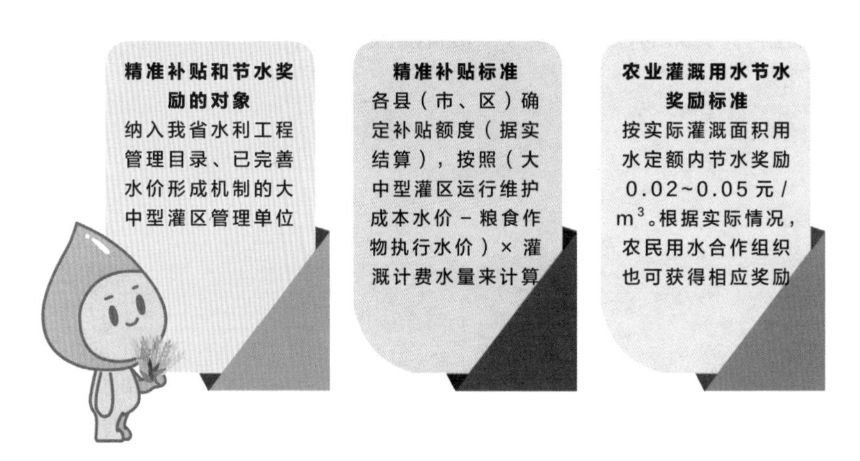

山西农业水价综合改革精准补贴和节水奖励办法（试行）

73. 社会资本参与灌区建设和管护的方式有哪些?

1. 常见方式

（1）特许经营模式。社会资本方与政府出资人代表组建项目公司，特许经营期内，项目公司完成灌区投资、融资、建设和管护，到期后无偿移交给政府，通过水费收入覆盖投资成本和合理收益。

（2）EPC 模式（设计 – 采购 – 施工总承包模式）。行业主管部门通过招标选择总承包单位（社会资本方），负责灌区项目的设计、采购和施工，项目资金来源为业主自筹。

（3）EPC+O 模式（设计 – 采购 – 施工 – 运营总承包模式）。行业主管部门通过招标选择具备运营能力的总承包单位（社会资本方），负责灌区项目的设计、采购、施工和运营管护。运营期限一般不超过 3 年，行业主管部门支付给社会资本方“委托运维费”。

（4）委托运营模式。行业主管部门通过委托运营模式招标选择具备灌区运营实力的社会资本方，负责灌区运营管护。运营期限一般不超过 3 年。

2.增值服务

（1）灌溉服务托管。行业主管部门指导农业节水社会化服务企业（社会资本方）与用水合作组织签订灌溉托管服务协议，社会化服务企业开展农田节水灌溉系统运行、管护和维修，以及浇地、水肥一体化服务等工作。

（2）合同节水管理。节水服务企业（社会资本方）与用水户以合同形式为用户募集资本、集成先进技术、提供节水改造和管理等服务，以分享节水效益方式回收投资、获取收益。

广东江门西坑水库灌区

74.“两手发力”是什么?

坚持政府作用和市场机制两只手协同发力，“水是公共产品，政府既不能缺位，更不能手软，该管的要管，还要管严、管好”，既要使市场在资源配置中起决定性作用，促进农业节水，也要更好发挥政府作用，保障粮食等重要农作物合理用水需求，总体上不增加农民负担，努力形成政府作用和市场机制的有机统一、互相补充、互相协调、互相促进的格局，推动经济社会持续健康发展。通过农业水价综合改革完善体制机制，引入社会资本参与灌区水利工程建设、运行和管护，形成政府和市场合力推进综合改革新格局。

75. 什么是合同节水管理？有哪些模式？

合同节水管理是节水服务企业与用水户签订合同，通过集成先进节水技术、提供节水改造和管理等服务，以分享节水效益方式收回投资、获取收益的节水服务机制。一般有以下模式：

（1）节水效益分享型：节水服务企业和用水户按照合同约定的节水目标和分成比例收回投资成本、分享节水效益。

（2）节水效果保证型：节水服务企业与用水户签订节水效果保证合同，达到约定节水效果的，用水户支付节水改造费用；未达到约定节水效果的，用水户可按合同要求节水服务企业进行补偿。

（3）用水费用托管型：用水户委托节水服务企业进行供用水系统的运行管理和节水改造，并按照合同约定支付用水托管费用。

（4）效果保证＋效益分享：节水服务企业和用水户签订节水效果保证合同，同时按照合同约定比例分享节水效益。

（5）合同节水＋水权交易：节水服务企业先行投入资金对用水户进行节水改造，将项目节约的水量通过用水权转让、收储等方式进行交易，收益归用水户所有，或由用水户和节水服务企业按合同约定分享。

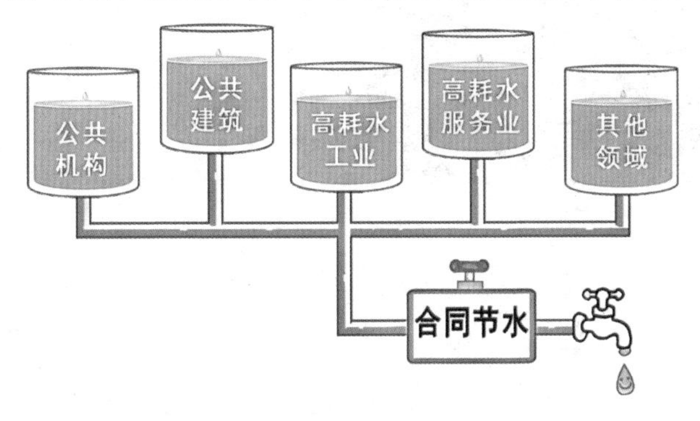

山东位山灌区引黄闸

七、量测水

本章重点围绕为什么要量测水、量测水基本要素、水位流量关系曲线作用、主要方法、精度率定、量测水设备布置原则、如何“以电折水”和什么是标准断面等方面解答了灌区量测水的相关问题。

76. 灌区为什么要开展量测水工作?

开展灌区量测水是促进节水、落实最严格水资源管理的需要，是实现灌区水资源优化配置与调度的关键，是保障精准灌溉的必要措施，是计量收费的重要依据。开展灌区量测水便于灌区管理者清晰掌握引了多少水，供了多少水，存了多少水和排了多少水，对于提升水资源节约集约利用水平具有重要作用，对保障粮食安全具有重要意义。

四川玉溪河灌区

77. 水量监测基本要素有哪些？

水量监测基本要素为水位、流量。

（1）渠道水位可通过雷达水位计、浮子式水位计、压力式水位计、超声波水位计、电子水尺等设备进行观测。

（2）渠道流量可以通过平均流速、多点流速或某特定点流速进行计算获得，管道流量可通过电磁流量计、超声波流量计、水表等设备进行观测。

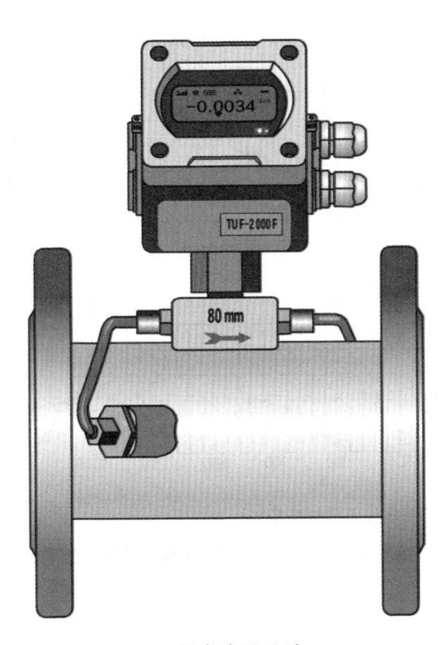

超声波流量计

78. 水位流量关系曲线的作用是什么？

灌区的渠道是规则的，用拟合曲线来表示水位和流量的单一关系，描述水位随流量变化的趋势，将测得的渠道水位转化为对应的流量。

79. 灌区渠（沟）道测水主要有哪些方法?

渠（沟）道水位、流速可借助设备设施观测获得，流量需要通过计算获得，计算渠道流量的方法主要有流速面积法、水位流量曲线法、水工建筑物法三种。

（1）流速面积法。关键在于测量平均流速和过水断面面积，两者相乘即可得到流量。平均流速可通过各种流速传感器测量获得，过水断面面积可通过水位和断面尺寸计算获得。主要设施有流速仪和标准断面等。

（2）水位流量曲线法。利用水位流量曲线的对应关系，通过测量水位来计算流量。主要设施有水尺和水位计等。

（3）水工建筑物法。利用修建固定的堰槽，由水位直接换算出流量。主要设施有量水堰和量水槽等。

80. 量测水设施精度为何要率定？怎么率定？

量测水设施本身推算的流量和真实值有误差，工程使用过程中断面存在变化，因此量测水设施精度需要率定。

（1）便携式的测量设备可以送到具有测量监测资质的单位，在标准断面上与率定好的设备对比测量结果，通过参数调整实现率定。

（2）固定式的测量设备不便于拆卸，可将率定好的便携式设备携带至需要率定的固定式设备处，通过对比两者测量结果，调节固定式设备的参数，实现对固定式设备的率定。

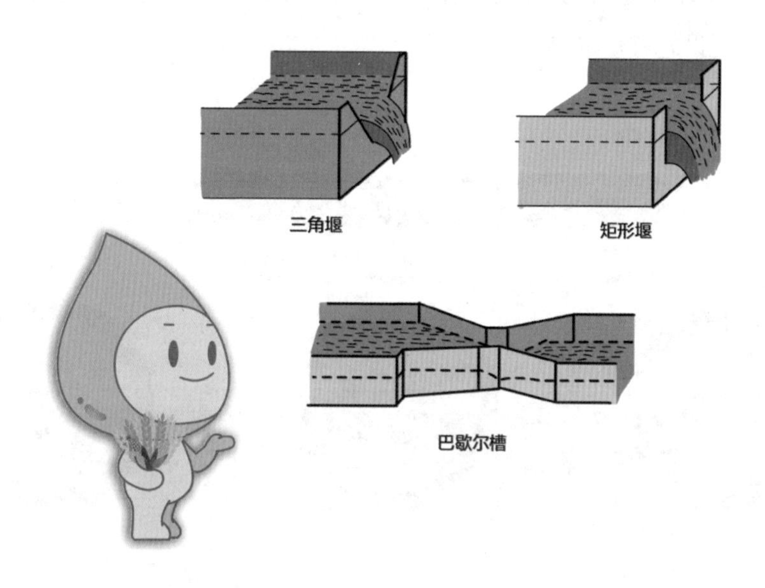

81. 常用的自动化量测水设施有哪些?

自动化量测水设施通过专业化的水位传感器或流速传感器等设备监测通过特定断面的水位或流速，并具备数据存储记录和分析处理等功能。主要包括水位计、流量计和流速传感器。

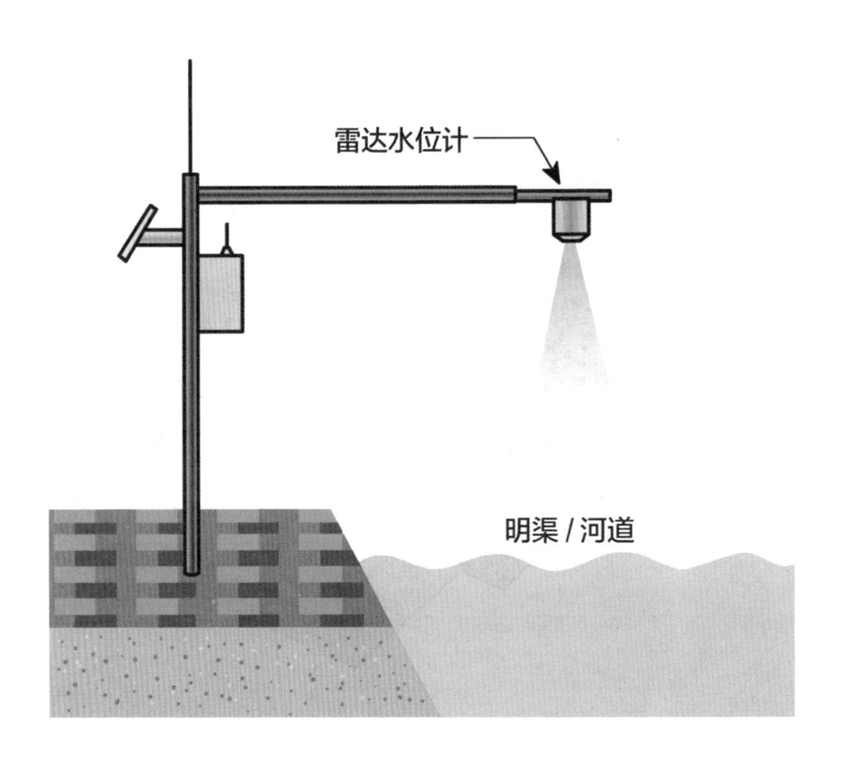

82. 测控一体化闸门主要有哪些形式?

测控一体化闸门是集流量计量、闸门控制、太阳能或交流电供电和无线通信等功能于一体的高度集合式轻型闸门。常用的测控一体化闸门形式包括堰槽式、箱涵式、管涵式，其配套的流量监测装置应布设在保证测量精度的位置。

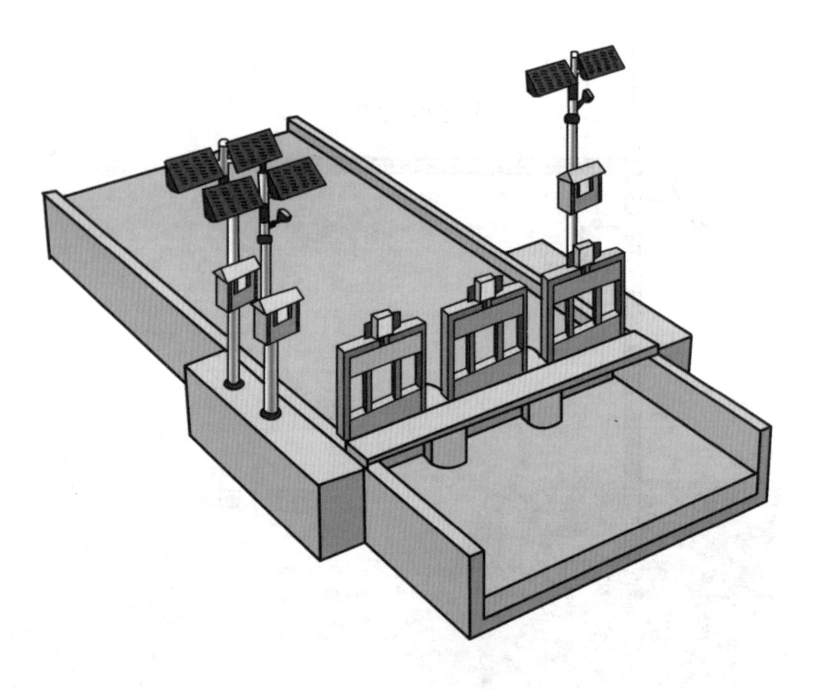

测控一体化闸门示意图

83. 量测水设施的点位布设应遵循什么原则?

（1）量测水设施的点位布设应满足灌区取用水统计、灌区内部结算、区域用水统计、用水户计量收费的需求。

（2）大中型灌区应在渠首取水口、重要分水口、专管与群管的交接断面、灌区退水口、跨行政区分界断面等关键节点设置量测水设施。

（3）根据管理需要，灌区内量测水设施可按管理单元合理布设。可在用水户取水口进行计量，用水户可为农民用水户、合作社、用水户协会、农业企业等直接用水户，也可为乡镇、村集体等间接用水户。

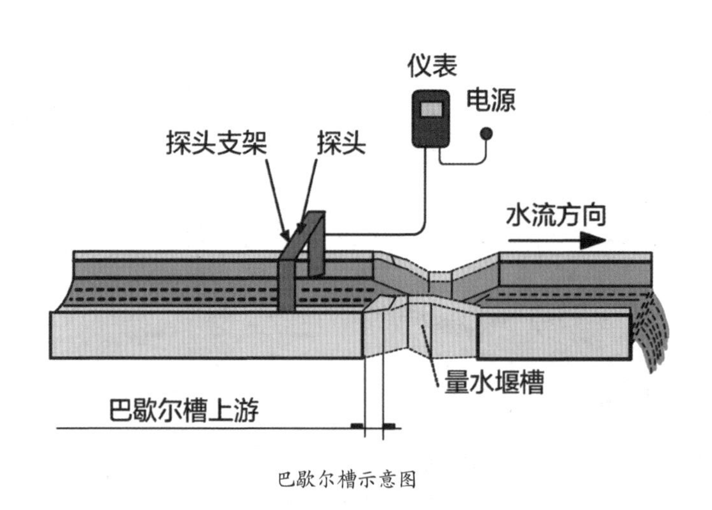

巴歇尔槽示意图

84. 如何利用“以电折水”开展用水计量?

（1）“以电折水”是通过提水设备工作中使用的电量，再根据以电折水系数转化为流量的测流方法。

（2）以电折水系数指相同时段内水泵提水量与耗电量的比值，单位为 m^3/kWh。

机井控制柜示意图

85. 什么是标准断面?

标准断面是指上下游渠道顺直、渠床稳定坚固、水流平稳、无冲刷或淤积现象的渠段断面，且渠段内水流运动不受下游建筑物回水影响，其长度应大于 5 倍的渠道宽度。

陕西东雷二期抽黄灌区荆姚直引支渠

黑龙江青龙山灌区一号节制闸

八、数字化建设和智慧化应用

本章重点围绕灌区信息化、数字化、智能化的区别和联系，建设内容、功能作用、数据底板、专题模型、知识库及运行维护等方面的知识，解答灌区数字化建设和智慧化应用的相关问题。

86. 什么是数字孪生灌区？

数字孪生灌区就是利用现代化技术将现实灌区（物理灌区）映射到数字世界中，将现实灌区的关键信息搬进计算机平台，建立与现实灌区的作物种植结构、工程布局、取用水计量监测、供水配水、工程调度、闸泵阀调控、空间地理等关键要素及设施设备运行状态一一对应的数字灌区，并与现实灌区同步运行和迭代更新。

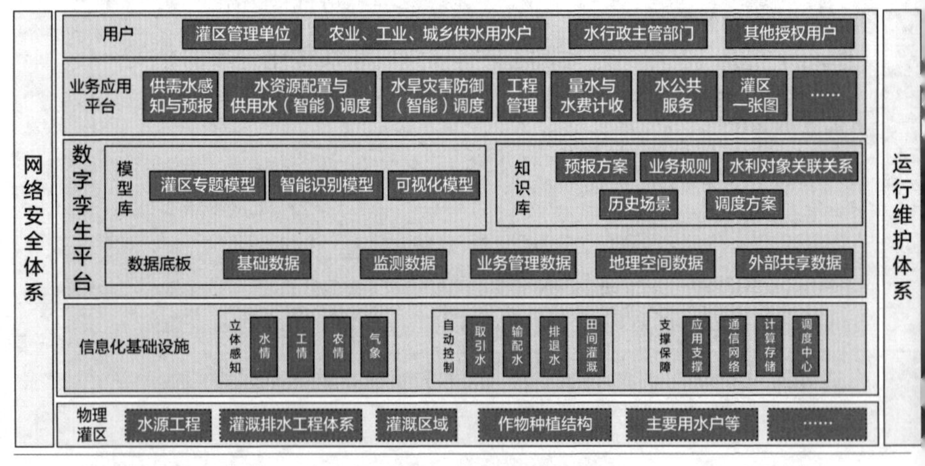

数字孪生灌区总体架构图

87. 怎样建设数字孪生灌区？

数字孪生灌区建设要推动农田灌溉自动化、灌溉方式高效化、用水计量精准化、灌区管理智能化：

（1）通过数据输入和一张图建设，将灌区渠首、骨干工程、配套建筑物、田间工程等工程静态信息（相当于“筋脉”）搬进计算机平台实现灌区工程静态信息化，做到上图入库。

（2）通过各种在线监测传感器、无人机、无人船、遥感、视频监视等天空地一体化感知技术（相当于“耳目”），将现实灌区的水情、工情、墒情、农情等关键动态信息搬进计算机平台，实现灌区监测信息数字化。

（3）基于灌区多年运行管理的实践经验和历史场景数据，构建管理知识库；开发应用适宜的来水预报、供需水预测、水资源配置、闸泵调度、供排水过程模拟、水旱灾害防御等专题模型和智能识别模型，优化渠首、节制闸、分水闸、泵站等关键节点的水量分配与调度方案；依托模型平台和知识库，在计算机平台上构建数字灌区的运算“大脑”。

（4）因地制宜推行无人机巡渠、远程量测水、闸门自动控制等，通过自动控制技术将实时决策指令下达到闸门、泵站等运行控制单元，实现灌区运行管理自动化（相当于“手脚”）。

（5）通过地理信息、增强现实（三维建模、实景仿真等）和虚拟现实等技术，对灌区来水、蓄水、输水、配水、耗水、排水等运行工况进行可视化呈现（相当于“投影”），实现精准范围、精准对象、精准时段、精准水量，提升“四预”（预报、预警、预演、预案）能力和水资源节约集约利用水平。

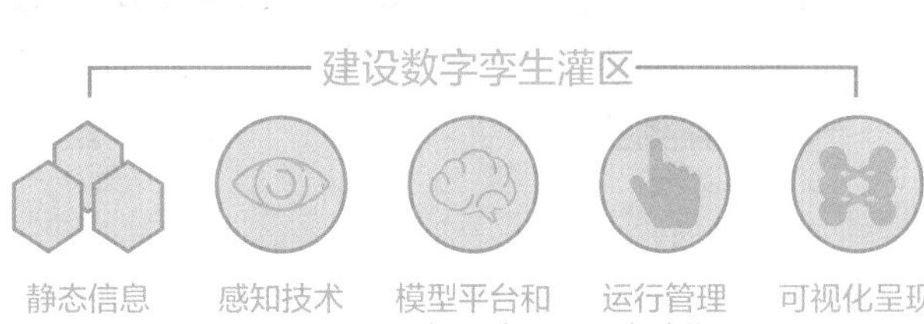

88. 数字孪生灌区究竟好在哪里?

（1）现实中，灌区骨干工程和田间工程通常由不同单位进行运行管理。通过数字孪生，可以实现水情、农情、墒情、工情等信息共享，解决灌区骨干工程和田间工程管理的“脱节”问题，实现一体化管理。

（2）通过建设“知识库”“模型库”，利用物理感知、无人机、无人船和自动控制等技术，合理减少人工投入数量，优化水资源配置效率，节约运行管理成本，缩短灌水周期，提升灌溉效率和供水保证率，保障粮食和重要农产品生产，实现省工、省时、节水、节本、增产、增效。

（3）通过在计算机平台对各种工况进行“四预”，提前制定针对性应对措施，保障灌区安全、稳定、高效运行。

89. 数字孪生灌区感知体系主要包括哪些内容?

数字孪生灌区感知体系综合运用卫星、无人机、地面站点等空天地监测手段，形成对灌区各类对象信息的采集，具体内容如下：

（1）水情：水位、流速、流量及水质等。

（2）工情：闸（阀）门开度、过流量，泵站流量、启停时间，工程变形、渗流等情况。

（3）农情：作物种植结构、生育期、长势、需耗水量、灌溉面积，土壤墒情，田间气候等。

（4）气象：降水量、温度、湿度、风速等。

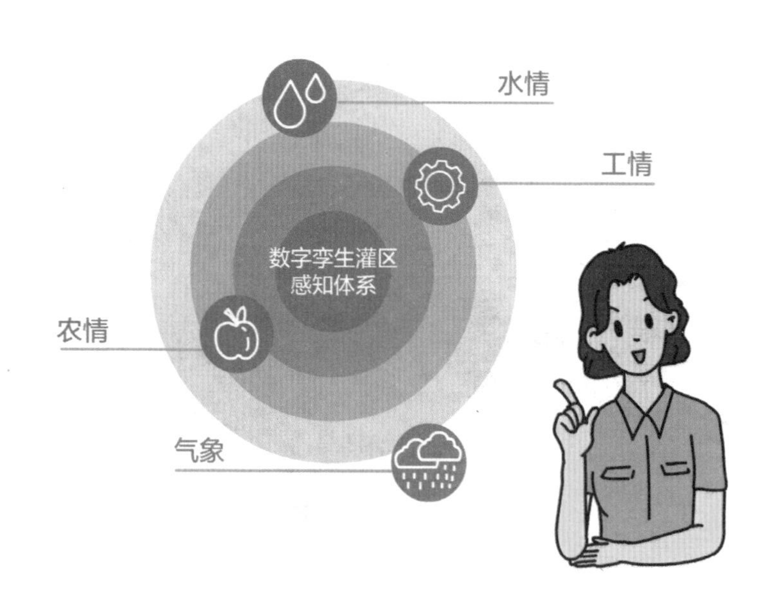

90. 遥感数据从哪里来？怎么用？

（1）对遥感时空分辨率要求不高的，可以从公开的观测机构获取，如我国的地理空间数据云、资源卫星应用中心，以及美国航空航天局（NASA）、欧洲航天局（ESA）等。

（2）对遥感时空分辨率要求高的，需要从商业卫星数据提供商处购买，如航天宏图公司、Airbus Defence and Space 等国内外知名公司。

（3）对更高精度或特定时间的影像，可以使用搭载可见光、热红外、（高）多光谱、雷达及激光等传感器的无人机进行航拍。

（4）得到遥感数据后，需要通过图像处理（如几何校正、辐射校正等）、解译算法（如目视解译、分类、变化检测等）进行遥感数据的应用（如分析水利工程空间分布、灌溉面积、土壤墒情、作物长势、洪涝干旱等）。

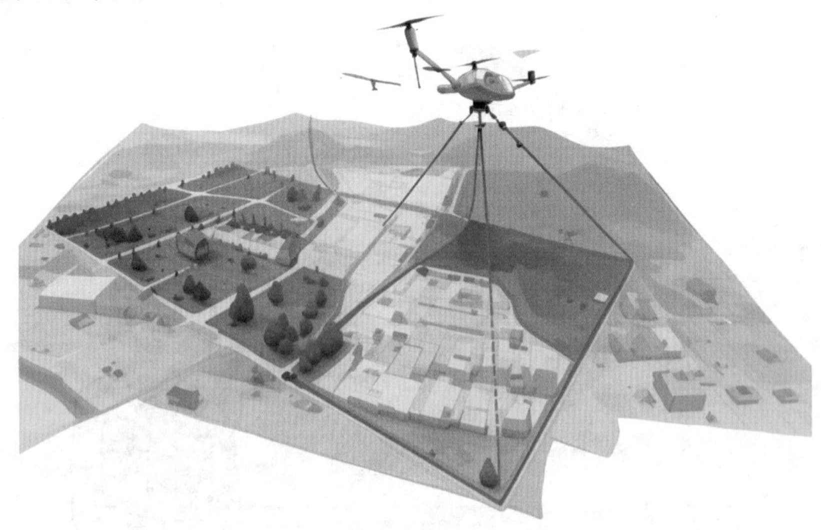

无人机遥感反演作物种植结构示意图

91. 灌区一张图的主要内容和功能有哪些？

灌区一张图包括灌区渠首、骨干工程、配套建筑物、田间工程等工程静态信息（相当于“筋脉”），灌区的水情和农情等动态信息（相当于“血肉”），实现灌区工程静态信息和动态供需信息数据化，做到上图入库。通过绘制灌区一张图可以实现以下功能。

（1）直观反映灌区的工程格局，便于管理者对工程的静态信息眼见为实。

（2）直观反映灌区的水情和农情格局，便于管理者对灌区水资源的供需态势心中有数。

（3）及时掌握各级工程信息、水情及农情信息，便于统筹骨干和田间工程管理，利于应灌尽灌精准灌。

（4）提供数据共享和应用服务，实现灌区各级管理人员、各相关部门以及农民群众的信息共享和业务协同。

92. 数据底板一般怎么分级及应用?

（1）数据底板分为 L1、L2、L3 三级，L1 级数据底板主要用于数字孪生灌区的大尺度建模；L2 级数据底板主要针对数字孪生灌区的重点区域进行精细建模；L3 级数据底板则针对特定的灌区水利工程进行建模。

（2）不同级别的数据底板通过融合地理空间数据、监测数据、业务管理数据等支持灌区的多种应用，如水资源调度、灾害预警与防控、日常管理与决策支持等。

（3）通过建设统一的数据底板，实现数据的互联互通和共享应用，可以打破灌区内部各部门、各系统之间的数据壁垒，避免重复建设，促进灌区管理的协同和一体化。

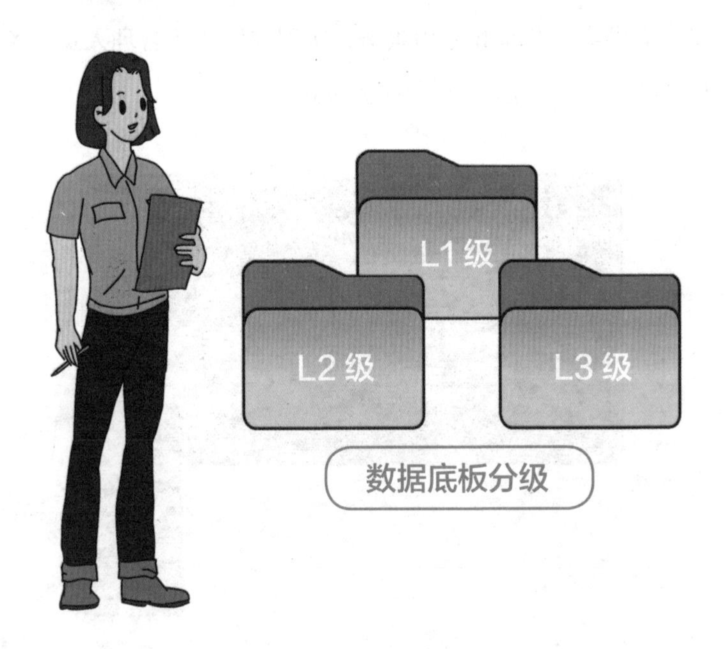

93. 数据底板包括哪些内容？

数据底板包括基础数据、监测数据、业务管理数据、地理空间数据、外部共享数据等。

（1）基础数据：灌区渠（沟）道、骨干工程、配套建筑物、田间工程等信息。

（2）监测数据：水情、工情、农情和气象等实时监测信息。

（3）业务管理数据：灌区供用水管理、工程管理、水费水价、安全运行等信息。

（4）地理空间数据：如地图和卫星图像。

（5）外部共享数据：与灌区相关的外部共享信息。

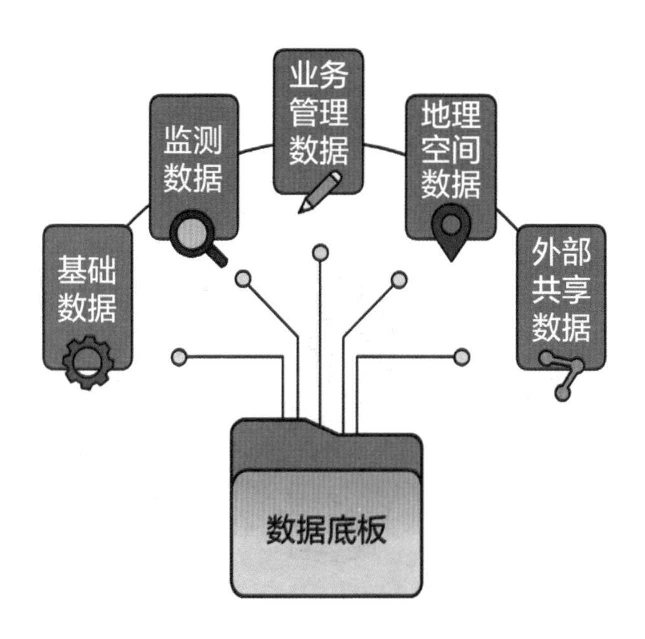

94. 数字孪生灌区通常需要哪些专题模型?

数字孪生灌区通常需要以下几类专题模型。

（1）来水预报模型：包括拦蓄水工程汇水区降雨预报、产汇流预报、库塘蓄水动态变化等模型。

（2）需水预测模型：包括作物需耗水、城乡供水、工业需水、生态需水等预测模型。

（3）水资源配置模型：包括水源可供水量分析模型，灌溉、城乡供水、工业、生态用水的多目标配置模型等。

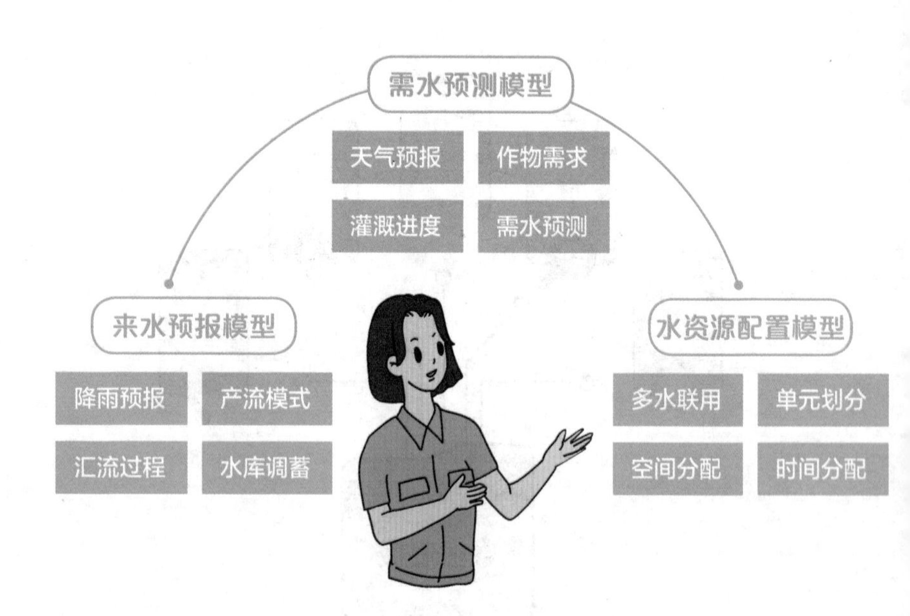

（4）输配水联合调度模型：包括输配水渠/管（沟）道水流过程模拟仿真模型、供水调度预案自动生成模型、闸（泵、阀）群联合调度模型等。

（5）田间灌排模型：包括作物生长模型、土壤水动力学模型、地面灌溉水流推进模型、喷滴灌水分运移模型、田间产流模型、汇水排水模型等。

（6）水旱灾害防御模型：包括灌区范围内暴雨预报模型、洪水预报模型、干旱预报模型，水污染、旱涝等应急调度模型。可按需建设骨干渠道沿线冰凌预报模型。

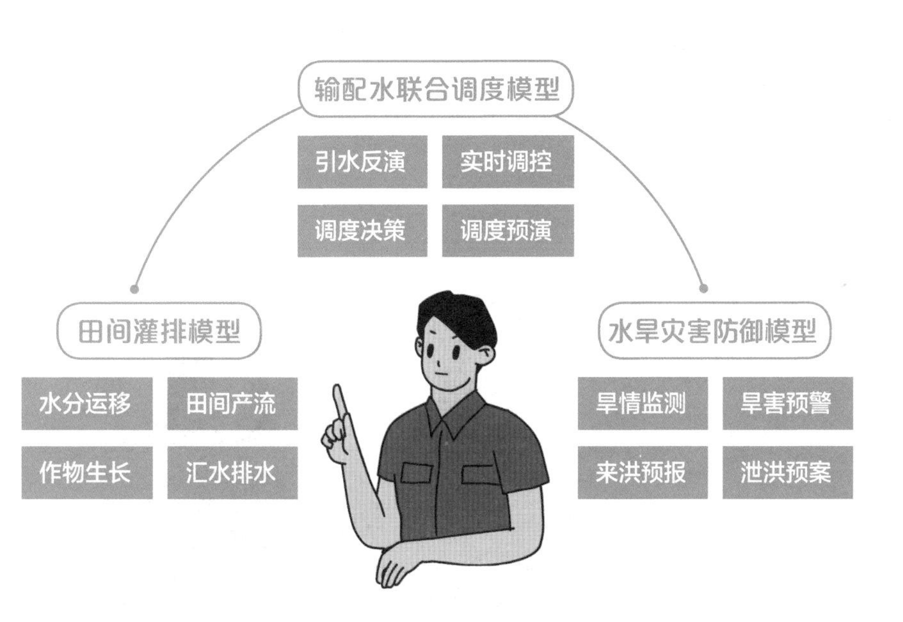

95. 灌区知识库包括哪些内容?

灌区知识库是支撑灌区科学管理和决策，反映灌区各要素特性、规律和关系的系统化、结构化的知识和经验的有序集合。灌区知识库的内容主要有:

（1）水利对象关系：描述实体、概念及其关系，如水利工程和管理活动。

（2）业务规则知识：明确水资源配置、灌溉制度、防洪等业务的操作和预警规则。

（3）调度预案知识：整合各种预测模型，制定多目标综合调度方案，优化灌区运营。

（4）历史场景知识：记录历史数据，如水资源配置、灌溉调度和灾害防御。

96. 数字孪生灌区运行维护应注意哪些要点?

数字孪生灌区运行维护的核心在于灌区管理机构“自己搞，自己用，不会了再找人”。

（1）“自己搞”：管理单位要成立专班，在建设过程中要深度参与，深入了解系统的总体架构和各部分运行逻辑。

（2）“自己用”：确保在日常工作中经常使用系统，熟能生巧，查找问题，不断改进，真正用好数字孪生这项新质生产力。

（3）“不会了再找人”：通过建设过程的深度参与和日常工作的熟能生巧，管理人员要熟悉数字孪生系统，遇到小的问题，能大差不差地知道是出在什么地方，小问题自己解决。遇到解决不了的专业技术问题，再联系系统开发团队解决。

甘肃景电灌区一期一泵站

九、灌溉排水泵站管理与更新改造

本章重点介绍了灌溉排水泵站（简称灌排泵站）的定义、主要技术经济指标、泵站规模等基础知识，泵站标准化管理、安全鉴定、高效运行以及隐患排查等泵站运行管理知识，通过本章内容的介绍可以使读者了解灌排泵站的基本概念，泵站运行管理的基本知识，以及泵站更新改造内容。

97. 什么是灌排泵站工程?

灌排泵站工程主要用于农田灌溉和排水，通过泵站将水从水源处提升到需要灌溉的农田区域或者将农田中的多余水排出，以保证农田的合理灌溉和排水，改善农业生产条件，提高农业产量。同时，灌排泵站工程也在城市排涝、防洪等方面发挥着重要作用。

山西大禹渡灌区一级泵站

98. 灌排泵站的主要技术经济指标有哪些？

灌排泵站的主要技术经济指标包括建筑物完好率、设备完好率、泵站效率、能源单耗、供排水成本、供排水量、安全运行率、财务收支平衡率。

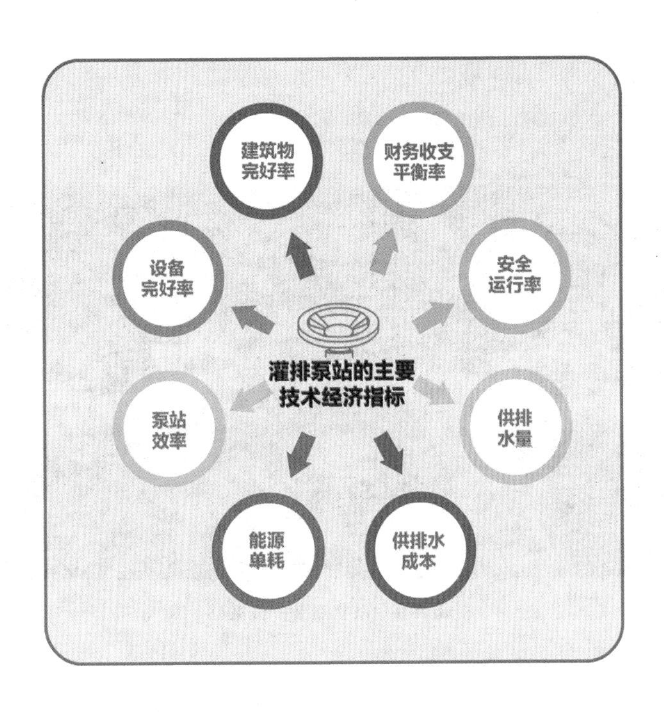

99. 灌排泵站规模如何分类？

（1）大型泵站：装机功率大于等于 10000kW 或设计流量大于等于 $50m^3/s$ 的泵站。

（2）中型泵站：装机功率大于等于 1000kW 小于 10000kW 或设计流量大于等于 $10m^3/s$ 小于 $50m^3/s$ 的泵站。

（3）小型泵站：装机功率小于 1000kW 或设计流量小于 $10m^3/s$ 的泵站。

山西尊村灌区引黄一级泵站

100. 泵站标准化管理主要有哪些内容？

（1）组织管理：包括管理体制和运行机制、制度建设及执行、人才队伍建设、精神文明建设与宣传教育。

（2）安全管理：包括安全生产管理、工程管理范围及保护范围管理、工程隐患排查和安全鉴定、安全设施设备管理。

（3）工程管理：包括调度及控制运用管理、设备管理、建筑物管理、泵房及周边环境管理、建设项目管理、技术档案管理。

（4）运行维护管理：包括规范运行、工程检查和观测管理、维修检修管理、技术经济指标考核。

（5）信息化管理：包括现代化建设及新技术应用、信息化平台建设、自动化监测预警、网络安全管理。

（6）经济管理：包括财务和资产管理、经费保障、职工待遇管理、供排水成本及水费管理、国有资产管理。

陕西东雷抽黄灌区总干渠和乌牛二级站

101. 泵站如何开展安全鉴定?

为保证泵站安全运行、供排水可靠稳定及泵站更新改造建设项目的管理，在泵站投入运行后规定时限内或更新改造前应进行安全鉴定。

（1）鉴定范围。泵站安全鉴定应分为全面安全鉴定和专项安全鉴定。全面安全鉴定范围应包括建筑物、机电设备及金属结构等；专项安全鉴定范围宜为全面安全鉴定中的一项或多项。

（2）现场安全检测单位资质。应具有国家级或省级市场监管机构颁发的计量认证证书，还应具有水利部或省级水行政主管部门颁发的水利工程质量检测单位资质等级证书。

（3）鉴定程序。①现状调查分析；②现场安全检测；③工程复核计算分析；④安全类别评定；⑤安全鉴定工作总结。

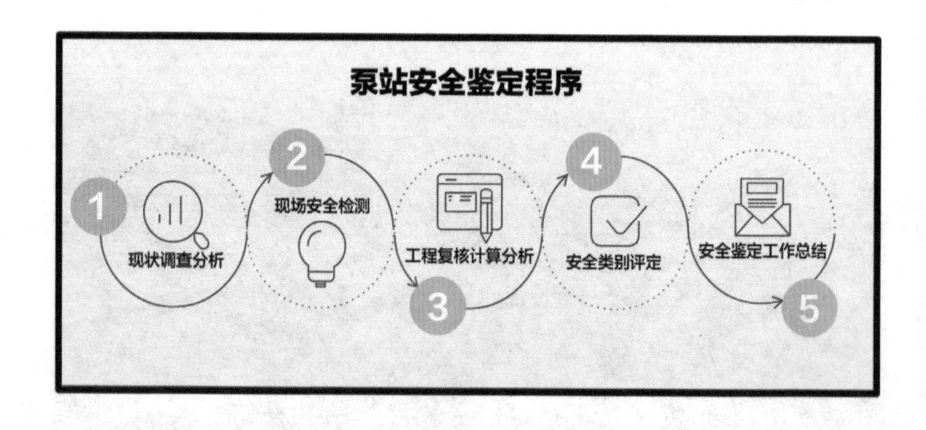

102. 泵站如何实现高效节能运行？

（1）建立泵站节能管理制度，设置节能管理职能，监督检查泵站节能降耗执行情况，提出节能降耗措施。

（2）制定优化调度方案和机组优化运行方案，对有条件的泵站进行节能降耗评估。

（3）在满足供排水需要的前提下，应以能耗最小为目标，实行站内优化运行。排涝泵站应充分利用低扬程工况，按照提水能耗最低进行调度。供水、灌溉泵站宜根据供水、灌溉需要实行电能峰谷调度。梯级泵站或泵站群，应按站（级）间流量、水位匹配和能耗最小的原则进行优化调度。

宁夏固海扬水工程

（4）泵站主机组、辅助设备、电气设备、通风采暖空调系统、清污断流及启闭设备等及时保养更新，尽量在高能效区范围运行使用。采用变频技术，通过调节电机旋转速度，达到调节流量的目的。泵站的进出水建筑物应保持良好的过水能力，避免不良流态，减少水力损失。减少泵站不当方式运行。

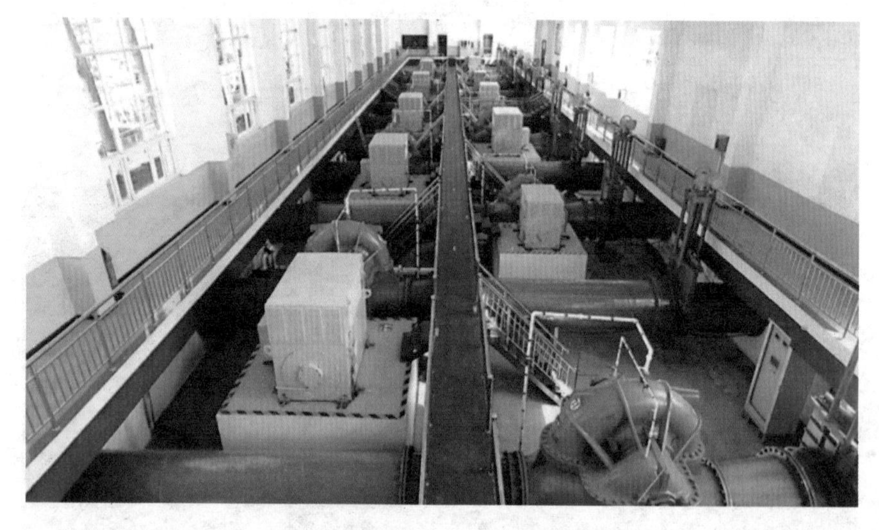

山西尊村灌区三级泵站内景

103. 如何实现梯级泵站或泵站群的运行优化调度?

(1)根据水源供水能力或来水情况优化分配各泵站的提排水能力。

(2)优化梯级泵站或泵站群间的水位组合及区间用水调度。

(3)优化泵站开机台数、机组组合、变频调节及运行工况调节,实现最优流量匹配。

(4)进行地面水利用与地下水开采的水资源合理调度。

(5)优化流域(区域)内泵站群与其他水利设施的联合调度。

(6)优化流域(区域)内或不同流域间排水与灌溉、城镇供水、蓄水、调水相结合的水资源调度。

山西夹马口灌区泵站

104. 泵站运行过程中面临的主要安全隐患有哪些?

（1）电气事故：如漏电、短路、触电等。

（2）设备故障：如水泵、电机等关键设备损坏。

（3）火灾风险：电气设备过载、短路等可能引发火灾。

（4）机械伤害：如设备运转部件对人员造成的伤害。

（5）违规操作：违反操作规程引发的安全问题，如防护措施不到位导致人员设备损伤。

（6）水淹泵房：排水不畅、管道爆裂或洪水倒灌等可能导致泵房被淹。

（7）高空坠落：在泵房高处作业时存在坠落风险。

（8）极端天气危害：如恶劣极端天气、地质灾害等对泵站运行造成的影响。

105. 泵站如何进行安全隐患排查?

（1）制定隐患排查计划：根据泵站运行特点和工作流程，制定排查计划，明确检查范围、检查内容、检查时间。

（2）隐患记录和整理：将安全隐患排查过程中发现的问题进行详细记录，整理出隐患清单，并按照隐患类别进行分类和排序。

（3）隐患整改：根据隐患清单，制定相应的整改方案，明确责任人和整改期限，及时解决存在的安全问题。

（4）监督和检查：定期进行隐患整改的跟踪检查，确保整改措施的有效性和及时性。

106. 什么是现代化泵站?

（1）设施完好：泵站建筑物完好率应达到95%以上，其中主要建筑物等级应达到一类建筑物标准；设备完好率应达到100%，其中主要设备等级应达到一类设备标准；配套工程及设施应齐全、完善；观测、监测、消防等设施应齐全、功能完备；工程无安全隐患。

（2）工程安全：泵站建筑物应达到相应的设计标准。建立完善的安全操作规程、应急预案等，配置安全监测和报警系统，能及时发现和应对安全隐患。泵站安全运行率应达到98%以上。

（3）运行节能：优化泵站设备的选型和配置，引入节能技术，优化运行方式，提高管理效率和运行稳定性，降低能耗和运行成本。泵站效率和能源单耗符合有关标准规定。

（4）调度科学：引入先进的自动化控制系统，实现对泵站各设备的远程监控和自动调节，包括自动启停、状态监测、故障报警等。建立泵站智能化管理系统，实现智能化运行和管理，包括运行数据采集、分析与预测、优化调度等，逐步实现设备状态检修的智能化。

（5）站区优美：泵站生产、管理区实现环境的绿化、美化和亮化。泵站室内外噪声得到有效控制，且对周边环境不造成噪声污染。

（6）管理高效：泵站管理体系和管理制度健全，泵站信息管理系统满足泵站运行信息、工程安全监测信息、视频监测信息、水雨情监测信息、优化运行、调度计划与优化调度、水费征收等管理要求，泵站实现标准化管理。

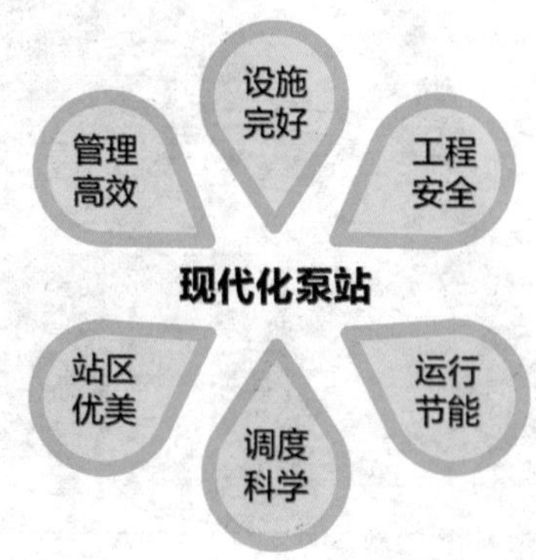

107. 灌排泵站更新改造的主要内容有哪些？

（1）机电设备及金属结构更新改造。对老旧的泵站主水泵、主电机及传动设备、电气设备、金属结构、辅助设备、监测及自动控制设备等进行更换或升级。

（2）泵房建筑物更新改造。对泵房、进水建筑物（引渠、前池、进水池、拦污设施等）、出水建筑物（出水管道或流道、镇墩、支墩、拍门、出水池等），以及节制闸、检修闸、防洪闸等进行拆除重建或加固。

（3）自动化监控系统更新改造。建立符合泵站运行实际的自动化监控、视频监视系统，满足泵站机组的自动监测、设备的控制和保护、视频监视、运行调度等要求，逐步实现泵站运行调控、设备状态检修的智能化。

（4）泵站管理设施更新改造。包括工程观测设施、泵站交通设施、泵站通信设施、生产保障设施、办公住宿设施、泵站环境及绿化等的更新改造。

河南红旗渠灌区青年洞

十、生态治理与水文化保护

本章围绕灌区生态治理、水文化建设和保护两个方面，重点解答生态型灌区的内涵功能、作用贡献、建设内容、实施路径、治理措施，以及灌区水文化和精神、发展成就等方面的相关问题。

108. 什么是生态型灌区？

生态兴则文明兴，生态衰则文明衰。生态型灌区是指在人与自然和谐共生的前提下，以“水—土—粮—生”伴生关系协调有序为目标，形成资源配置科学、水土匹配合理、灌排体系健全、灌域水系连通、工程调控有序、管理科学规范、物种丰富多样、景观和谐自然、综合效益显著的灌区。生态型灌区是现代化灌区的一种表现形态。

109. 灌区对区域生态系统健康的贡献主要有哪些？

人类与生态环境唇齿相依，良好的灌区生态环境是一种最普惠的民生福祉，灌区对生态环境的维系有着如下贡献：

（1）维系生态，改善水土环境，实现人水和谐。

（2）互联互通，调控安全有序，实现水利粮丰。

（3）改良盐碱，提升地力产能，助力固碳减排。

（4）防风固沙，遏制沙漠蔓延，筑牢生态屏障。

（5）增加湿度，调节干旱气候，改善人居环境。

宁夏青铜峡灌区

110. 灌区生态功能主要体现在哪些方面?

陕西泾惠渠灌区

（1）和谐性：和谐是辩证的统一。人水和谐共生，灌区范围内经济、社会、人口和自然协调发展，以科学规律指导和规范生产、生活、生态等活动，实现可持续发展。

（2）连通性：连通是生命的律动。灌排水系布局合理，形成大水相连、小水相通、多水交互、引排得当、循环通畅、调控自如、田水相润的水网格局。

（3）多样性：多样是众生的平等。山水林田湖草沙是一个生命共同体。动植物品种繁多，微生物类群丰富，生态多样性状况良好，有助于生态链稳定和平衡。

（4）经济性：绿水青山就是金山银山。灌区的供水保证率和单产高，生态产品价值丰厚，政府、企业和群众获得感强，生态保护与经济发展相得益彰。

（5）景观性：美丽中国是人民的期盼。灌区水土相依、环境优美、生机盎然、水景交融。很多灌区是国家湿地公园和水利风景区，是人们亲水戏水、体验劳动创造美好生活的重要平台。

111. 灌区对我国北方生态安全屏障建设的重要性有哪些?

（1）荒漠化是我国北方生态安全的主要威胁，其根本的原因就是缺水。灌区引水能够修复河湖湿地和绿色植被，保障沙漠锁边林草带的生长，增强防风固沙和水源涵养能力，助力点线面结合的生态防护网络构建。

（2）分布在北方荒漠化防护重点区周边的内蒙古河套、宁夏青铜峡等灌区，在沙漠周边筑起了一道道生态绿色屏障，阻击了黄河“几字弯”和河西走廊周边沙漠的进一步前侵，实现了“沙进人退”到“绿进沙退”的历史性转变。

（3）灌区对于维系荒漠半荒漠区生态湖泊意义重大。位于黄河“几字弯”顶部的乌梁素海是地球同纬度最大的生态湿地和欧亚大陆候鸟迁徙的驿站，上游河套灌区的补水和排退水是其主要水源供给。

内蒙古河套灌区

112. 灌溉排水对治理盐碱地有何作用?

（1）上洗：灌溉可以对土壤上层盐分进行淋洗，达到驱盐效果。

（2）下排：排水能够将淋洗的盐分排出土壤，畅通盐分出路，防止盐分积累在土壤中。

（3）中间控：排水能够控制地下水埋深，减少潜水蒸发，防止土壤下层盐分随毛管作用上移进入作物根层土壤。

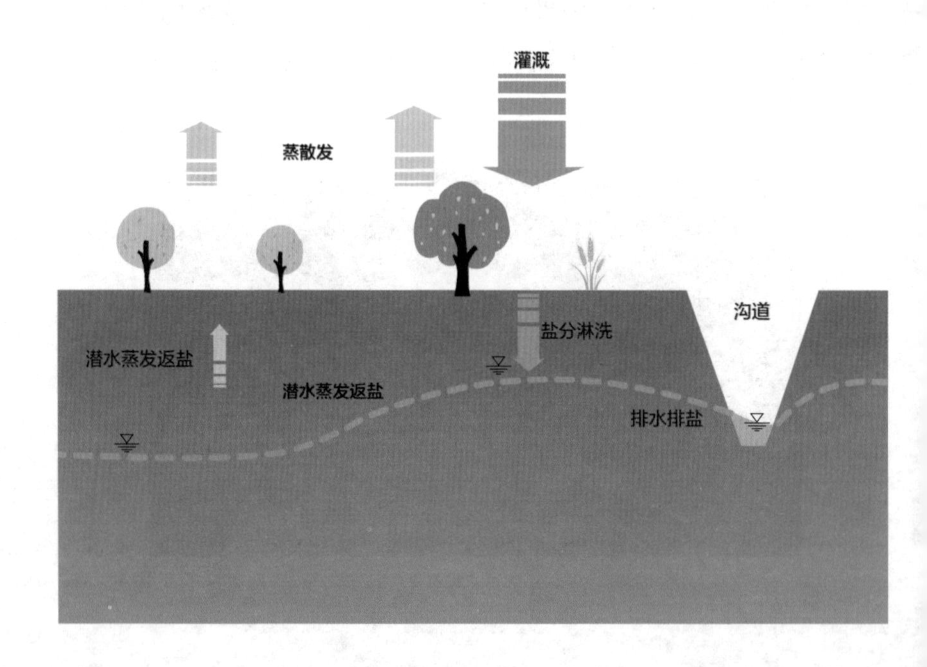

113. 灌区减排固碳的作用体现在哪些方面?

（1）通过农业高效节水、水肥一体化、农田控制排水等节水控肥减排措施,可以有效减少农田排退水,实现农药、化肥等排放的源头控制。

（2）通过灌区生态沟塘和湿地建设，可以进一步对排入沟道中的污染物进行过滤、沉淀、吸附、降解、净化，实现对农田面源污染的过程削减和生态拦截。

（3）灌溉能够补充作物和林草生长所需水分，增加植被生物量和生产力，从而提升土壤和植被固碳增汇能力。

（4）稻田干湿交替灌溉能显著改善稻田通气状况，破坏厌氧条件，减少甲烷等温室气体的排放，助力实现国家“双碳”目标。

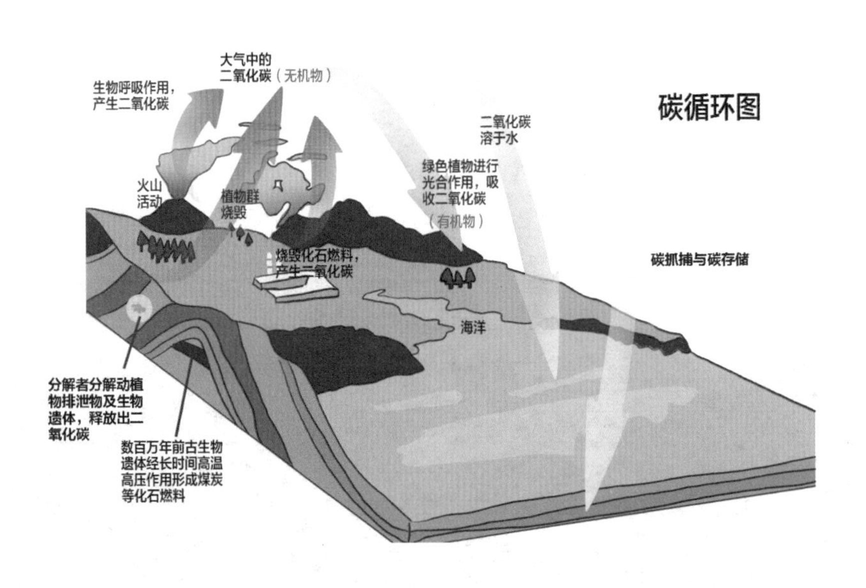

114. 灌区排水的主要方式及作用有哪些?

农田排水是指将农田中过多的地面水、土壤水和地下水排除，从而改善土壤的水、肥、气、热关系，以利于作物正常生长和保产稳产。排水的主要方式有明沟、暗管、鼠道、竖井等，其主要作用如下：

（1）除涝水：排除地面积水，减少作物淹水时间和深度，保证作物生长。

（2）降渍水：控制、降低地下水水位和根系土壤层含水率，改善土壤结构和通气性，避免根系呼吸困难造成减产。

（3）防盐碱：降低地下水水位，减少潜水蒸发，防止地下盐分上移积累在根系层影响作物生长造成减产。

（4）易耕作：保证田间适宜的土壤含水量，利于耕作。

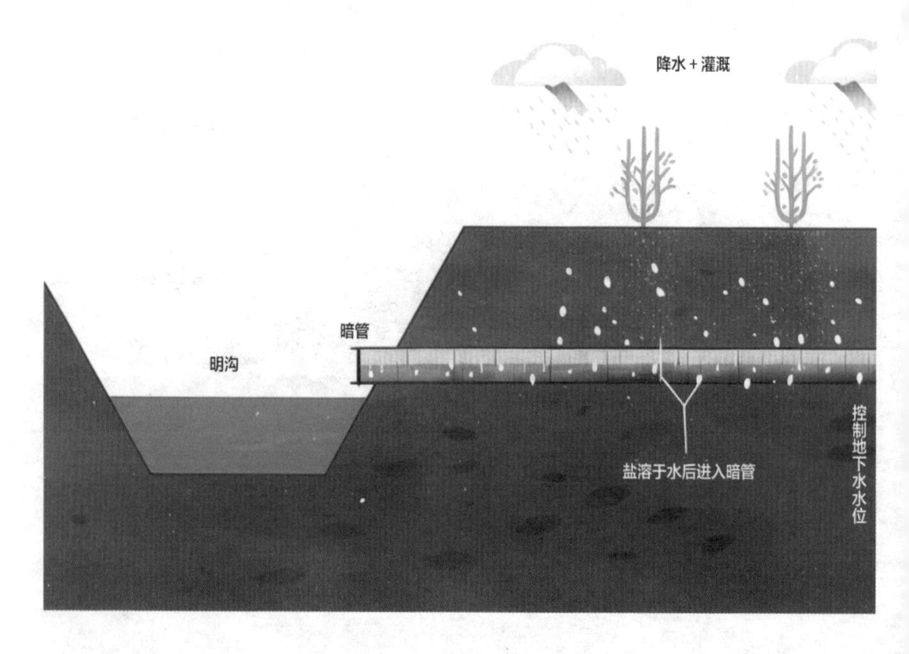

115. 灌区排水的要求是什么?

（1）除涝：根据作物不同生育期的耐淹水深和时间要求确定。如水稻可采用 10 年一遇的 1~3 日暴雨，从耐淹水深起 3~5 日排至允许蓄水深度。旱作物可采用 5~10 年一遇的 1~3 日暴雨，从耐淹水深起 1 日排至田面无积水。

（2）治渍：应根据作物全生育期要求的最大排渍深度确定。旱作区在作物对渍害敏感期 3~4 日内将地下水埋深降至田面以下 0.4~0.6m；稻作区在晒田期 3~5 日内将地下水埋深降至田面以下 0.4~0.6m；水稻淹灌期的适宜渗漏率控制在 2~8mm/d。

（3）控盐：在返盐季节前将地下水水位控制到临界深度以下。

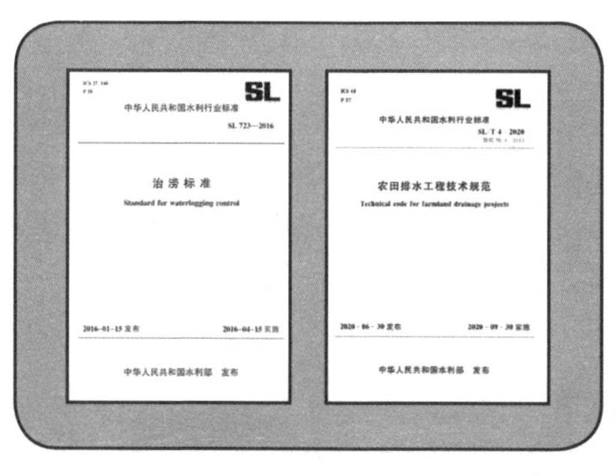

116. 灌区水环境保护和水生态治理的措施主要有哪些?

（1）灌区水环境保护治理措施包括农田水肥高效管理、生态沟渠湿地构建及水生植物合理配置、河湖水系连通、节水减排等。

（2）灌区生态系统恢复措施包括灌区林草植被恢复和生态缓冲带重建、灌区水系综合整治、水网建设等。

（3）地下水源涵养措施包括节水压采、水源置换、地表水地下水联合调度、种植结构调整、人工补灌等，实现地下水的水位和水量双控管理。

（4）盐碱地治理措施包括节水控盐、灌溉淋洗、田间排水、井渠结合灌溉、咸淡水混灌等。

117. 灌区输沙减淤的主要措施有哪些?

（1）拦：在渠首布置底拦栅、冲沙闸及沉沙条渠、排沙闸等，减少入渠泥沙量。

（2）沉：在渠道合适位置设置沉沙和排沙设施，沉积和排除已经进入渠道的泥沙。

（3）截：修建截洪沟、撇洪沟，防止渠道沿线山洪或暴雨径流等客水挟沙入渠。

（4）衬：衬砌渠道，减小渠道糙率，加大渠道流速，提高水力挟沙能力。

（5）清：采用水力、人工或者机械方式清淤。

（6）调：采取表层取水或者调整引水时间，避开沙峰引水，通过水沙联合调度，减少泥沙淤积。

山东韩墩灌区总干渠

118. 灌区水文化建设和保护的主要内容有哪些?

（1）灌溉文化是中华农耕文化的重要组成部分，是中华文明发展的重要支撑，伴随着时代兴衰而留下了宝贵的技术积累、文化遗产和精神财富，从侧面展现了先民不断开拓生存空间的艰苦奋斗历程。

（2）灌区水文化是灌区在建设发展历程中所形成的治水、用水、管水有关的制度、思想、精神等，如天人合一的治水哲学、科学巧妙的设计理念、乘势利导的建设思想、因地制宜的治水律法、亲水敬水的精神文化。

（3）灌区水文化的载体主要是灌区水利遗产，一般包括工程设施遗存、管理建筑设施、水神崇拜祭祀建筑设施、碑刻文献档案、传统水利技艺、神话传说故事、水事民俗节庆、涉水文学作品等。

（4）灌区水文化保护的主要内容包括灌区发展历史研究、灌区水利遗产调查认定评估、灌区水利遗产保护修复展示、灌区水利遗产保护管理、灌区水文化内涵挖掘与传承利用、灌区水文化宣传科普和水情教育基地建设等。

世界灌溉工程遗产——芍陂

119. 灌区在保障湿地公园和水利风景区建设中发挥什么作用？

（1）改善区域生态环境、保护生物多样性。如山东滨州小开河国家湿地公园作为全国第一个引黄灌区国家级湿地公园，其持续稳定的黄河水资源供给显著改善了区域生态环境，生物多样性持续稳定增加。小开河灌区 2011 年被评为全国水利风景区，2017 年正式获批为国家级湿地公园。依托四川升钟水库灌区建设的升钟湖景区，2013 年被评为全国水利风景区，同年获批国家级湿地公园。

（2）提升灌区水文化，拓宽科普服务功能，灌区已经成为水文化建设的重要载体、水文化交流的重要纽带、水利科普的重要基地。

山东滨州小开河国家湿地公园

120. 申请世界灌溉工程遗产应具备哪些必要条件？

（1）必须是建成时间超过 100 年的工程。

（2）须符合以下条件之一：

1）具有灌溉农业发展的里程碑意义，见证了农业发展、粮食增产、农民增收。

2）工程设计、建设技术、工程规模、引水量、灌溉面积等方面（一方面或多方面）领先于同时代其他工程。

3）为增加粮食生产、改善农民生计、促进农村繁荣、减少贫困做出了突出贡献。

4）在其建筑年代是一种创新。

5）为当代工程理论和技术的发展做出了贡献。

6）其工程设计和建设体现了人与自然和谐。

7）在其建筑年代属于工程奇迹。

8）独特且具有正面及建设性意义。

9）具有文化传统或文明的烙印。

10）是可持续性运营管理的经典范例。

（3）须得到遗产所在地政府的支持，须有工程所在地县、市（地）级人民政府出具的同意申报函。

121. 我国不同历史时期农田水利的主要建设成就有哪些？

（1）古代：春秋战国时期建成了安徽芍陂、河北引漳十二渠、四川都江堰等；秦汉时期建有陕西郑国渠、白渠、龙首渠，广西灵渠，宁夏秦渠、汉渠和唐徕渠；隋唐宋时期建有大量的蓄水塘堰、拒咸蓄淡工程、太湖圩田以及新疆坎儿井，并颁布了《水部式》《农田水利约束》等律法；元明清时期，两湖圩田和珠江三角洲堤围迅速兴起，边远地区农田水利和东南地区海塘建设进一步发展。

（2）近代：农业水利科学技术开始应用，兴建关中泾、洛、渭、沣、黑及陕南汉、褒、湑各惠渠等大型自流灌区。

（3）中华人民共和国成立以后：持续开展以发展灌溉面积为核心的大规模农业水利建设，建设了淠史杭、红旗渠等一批大中型灌区，实施了大中型灌区续建配套与节水、现代化改造，大力发展节水灌溉，建成大中型灌区 7300 多处，耕地灌溉面积从中华人民共和国成立初的 2.4 亿亩发展到 2023 年底的 10.75 亿亩，形成了比较完善的灌排工程体系。

河南人民胜利渠灌区渠首闸

122. 灌区精神主要体现在哪些方面?

（1）我国的灌区建设主要集中在20世纪50—70年代，当时物质条件极为匮乏，施工机械短缺，万千建设者只能依靠人海战术和最原始的施工工具，以战天斗地的豪情壮举劈山开岭，凭肩挑手抬创建了改天换地的水利奇迹，灌区建设者用伟大灵魂和鲜活血肉写就了一首首感天动地的壮丽史诗，也铸就了永不磨灭的灌区精神丰碑。“自力更生、艰苦创业、团结协作、无私奉献”的红旗渠精神作为其中的典型代表，更是被纳入了第一批中国共产党人精神谱系。

（2）为保障国家粮食安全、生态安全和供水安全，一代代灌区人从筚路蓝缕到续建配套再到现代化建设管理，守初心、担使命，久久为功，坚守传承，与时俱进，为保障大国水利粮丰而不断奋勇向前，也为灌区精神增添了敢为人先、求真务实、锲而不舍、踏实奋进、勇于创新的靓丽色彩。

（3）灌区精神是在艰苦创业和伟大实践中逐渐凝结形成的，既是中华传统文化精神的基因传承，也是中国共产党革命精神的重要组成，是推动灌区现代化高质量发展的强大精神动力。

山东位山灌区王堤口渡槽